基于折纸元素的可展开结构
形态与性能研究

蔡建国 李 萌 冯 健 著

国家自然科学基金优秀青年科学基金项目(51822805)
国家自然科学基金航天先进制造技术研究联合基金重点项目(U1637207、U1937202)
江苏省自然科学基金优秀青年基金项目(BK20170083)
江苏省"六大人才高峰"高层次人才选拔培养计划资助项目(JZ-001)
载人航天领域第四批预先研究项目(18093040202)

科学出版社

北 京

内 容 简 介

本书结合折纸的艺术背景和数理基础,根据作者科研团队近年来在折纸理论、可展开结构等领域的研究进展,汲取国内外相关学科的最新研究成果,介绍了基于折纸元素的可展开结构在形态与性能方面的理论基础、设计方法和工程应用。主要内容包括基于平面连杆机构的折叠板开合屋盖结构,基于球面连杆机构的折叠板结构,基于 Miura 折纸的径向展开结构,基于 Miura 折纸、六折痕折纸的柱面壳结构,基于折纸元素的曲面顶篷结构,基于折纸理论的折叠板壳结构展开动力学分析和仿真方法、折纸方法在缓冲吸能领域的应用及其仿真建模分析方法等。

本书可作为高等院校结构工程、机械工程、飞行器设计等学科研究生的教学参考书,也可供相关专业领域的工程技术人员参考。

图书在版编目(CIP)数据

基于折纸元素的可展开结构形态与性能研究/蔡建国,李萌,冯健著. —北京:科学出版社,2021.3
ISBN 978-7-03-067717-4

Ⅰ. ①基… Ⅱ. ①蔡…②李…③冯… Ⅲ. ①折纸–技法(美术)-应用–建筑结构–结构设计–研究 Ⅳ. ①TU318

中国版本图书馆 CIP 数据核字(2020)第 263938 号

责任编辑:周 炜 / 责任校对:胡小洁
责任印制:赵 博 / 封面设计:陈 敬

科学出版社 出版
北京东黄城根北街 16 号
邮政编码:100717
http://www.sciencep.com
北京建宏印刷有限公司印刷
科学出版社发行 各地新华书店经销

*

2021 年 3 月第 一 版 开本:720 × 1000 1/16
2024 年 6 月第三次印刷 印张:16 1/2
字数:332 000

定价:138. 00 元
(如有印装质量问题,我社负责调换)

前　言

　　一般都认为折纸这一历史悠久的艺术源自于中国。而直到 20 世纪 80 年代，人们才开始将折纸作为数学问题进行研究。一个折纸作品一旦被展开就体现为一张纸片上的若干折痕，这些折痕满足某些特定的数学性质。折纸艺术有两个较为显著的特性：结构合理性和形状可变性。折纸可以很容易地将本来柔软的纸材变得拥有一定的结构刚度，这一点奠定了其应用于结构领域的基础。利用折纸结构形状可变的特点，东京大学发明了一种三浦折叠法，成功解决了太阳能电池的展开问题，如今这种折叠方法被广泛应用于各种生产领域，甚至包括轮胎的胎纹设计。另外，折纸艺术还可以用于医疗卫生行业当中，例如，牛津大学发明了一种人造血管支架，完全折叠时体积减小到可以放入血管，到达一定位置后展开成一段人造血管。由此可见，折纸艺术在很多领域内都能发挥自己的用途。通过某种构思，将折纸的思想运用到折叠结构中，实现结构的折叠与展开，对于人类的科技发展和进步具有重要意义。本书在介绍折纸历史与发展现状的基础上，阐述了作者课题组近五年在折纸结构相关领域的研究进展。

　　开合屋盖是在建筑理念中引入展开与折叠思想的结果，是现代体育建筑的一个主要发展趋势，越来越受到人们的青睐。近年来，国际上一些学者将折叠板壳结构和开合屋盖结合起来，形成新的开合屋盖形式，其折叠板壳形式一般来源于折纸艺术。本书分别基于平面四连杆机构和球面四连杆机构提出了新型开合屋盖形式，并对该种开合屋盖体系的运动特性进行深入的分析。本书给出了一种解决板壳拓扑干涉连接节点的设计方案，在此基础上对滚动节点连接四连杆机构的运动学进行了研究。

　　本书介绍了 Miura 折纸模型的基本概念，并给出了其仿生学意义。在此基础上，将 Miura 折纸单元通过向内和向外组合形成了多种平面和空间径向运动的折叠体系，并对其几何特性和刚性可动性进行深入研究。研究结果表明，向外组合体系都是刚性可动的，而向内组合体系，不管是正交的还是斜交的，都不是刚性可动的，即在运动过程中，体系存在应变。而且从平面斜交向内组合体系可以看出，体系中存在的最大应变和体系形成正多边形的边数无关。 Miura 折纸模型在完全展开状态是一平面结构，而其展开过程是体系沿着平面内的两个方向展开，传统的 Miura 折纸模型在折叠展开中的任意状态都是平板构型。而在土木工程中，一般具有曲率的构型能够跨越更大的距离，所以大跨度的屋盖中常采用柱面壳等结构形式。针对这种特点，可以将 Miura 折纸模型进行改进，从而使其具有柱面壳的构型。本书给出了两种在折叠过程中具有柱面壳构型的折纸模型，并对这两类折纸模型进行深入的几何分析。

现代建筑结构中，顶篷承担着形成结构体系、遮蔽风雨的基本功能，随着可展开结构的发展，现代顶篷结构可以通过伸缩变形等运动，实现主动采光、改变形态、变换室内光影效果等功能。折纸理论及其技术在这方面有着广阔的应用。本书通过研究变角度 Miura 单元的几何性质、展开运动学特点及运动的相容性，提出了一种新型顶篷结构方案，该方案可实现顶篷采光口的展开与收纳功能。

本书以动力学普遍方程和第一类拉格朗日方程为理论基础，研究了折叠板壳结构展开过程的动力特性；探讨了基本板单元的几何描述方法，其中包括三角形单元和四边形单元几何约束方程的建立；给出了三角形单元一致质量矩阵的表达式，通过模型确定的节点编号，可对各单元质量矩阵进行集成，从而形成整体模型的质量矩阵；运用 Newmark 积分方法及牛顿迭代求解动力学方程组，通过假设一组近似解及运用泰勒展开方法，在忽略高阶项的情况下，得到动力学方程组的线性形式；编写了用于分析折叠板壳结构展开过程的 MATLAB 程序，并结合具体的 Miura 折纸模型进行了分析；为验证程序的可行性，对比程序计算数据与 ADAMS 软件计算结果，两者结果较为吻合，说明该程序在分析折叠板壳结构的展开动力学方面具有很好的精度。

多孔固体结构作为一种兼具功能和结构双重属性的材料结构，近年来得到了迅速的发展。蜂窝结构作为多孔固体结构的一种，由于其具有密度小、刚度低、压缩变形大及变形可控等优点，是一种理想的缓冲吸能结构。此外，蜂窝结构成熟的制造工艺，使其在缓冲吸能领域得到广泛应用。由于结构的特殊性，蜂窝结构的缓冲特性与其基体材料力学性能、蜂窝胞元厚度、胞元尺寸及相对密度有关，这些参数受环境因素的影响较小，所以缓冲性能稳定，是缓冲装置设计的优选结构。然而由于蜂窝结构的特殊性，其异面-共面方向强度差异过大，作为缓冲装置时通常只采用异面方向吸收冲击能量，需设计导向机构限制缓冲装置变形方向，因此难以实现缓冲装置真正的小型化与轻量化。针对该问题，采用折纸方法对蜂窝缓冲结构进行折叠设计，研究提高蜂窝结构共面方向强度的折叠方法，进而为抗多向冲击蜂窝结构设计提供依据。

作者所在课题组的研究生马瑞君、张骞、周雅、张慧中、李媛媛、张晓辉、王玉涛、蒋鸿鹄、蒋昊敏、潘宁、潘粮今、李长通、李润韬、钟一涵、王硕、李旭、蒙格尔、孙逸夫、杜彩霞、张清允、杜凯哲、崔程博为本书的研究内容或折纸结构相关内容做了大量工作。博士研究生马瑞君在本书成稿、整理等方面付出了巨大的心血。在本书付梓之际，作者对他们表示衷心的感谢。

感谢东南大学土木工程学院、国家预应力工程技术研究中心和中国航天科技集团钱学森空间技术实验室的领导和同事，他们在本书的撰写过程中给予了很大的帮助，他们是作者完成本书的坚强后盾。本书的研究工作是在国家自然科学基金项目、江苏省自然科学基金项目、江苏省"六大人才高峰"高层次人才选拔培养计划资助项目、载人航天领域第四批预先研究项目和江苏高校优势学科建设工程项目等资助下完成的，在此一并表示衷心的感谢。

限于作者水平，书中难免存在疏漏和不妥之处，敬请读者批评指正。

蔡建国

2020 年 6 月

目　　录

第 1 章　折纸的起源与数理基础

1.1　折纸的起源

美的事物总是追求自然规律与艺术原则的统一，它们不刻意追求美，却带来和谐与平衡的韵味。折纸即是如此。自纸张发明以来的千百年间，无论是技艺精巧的手工艺人还是牙牙学语的稚嫩儿童，都喜欢摆弄这种神奇的艺术。一张四尺见方的白纸，通过反复地对折和翻转，可以形成千百种构型。如图 1-1 所示，在艺术家灵活的双手里，这些构型不仅形象生动、具有美感，又自然而然地遵循着数学与物理的法则。折纸，这种将美学与自然规律完美统一的艺术作品，如今早已风靡世界。我们好奇的是，这门艺术是如何诞生又如何传承至今的呢？

(a) 惟妙惟肖的动物　　　(b) 夸张有趣的人面像

(c) 以假乱真的玫瑰和绿叶　　(d) 精美别致的贝壳

图 1-1　折纸艺术品[1]

折纸的历史悠久而精彩，它诞生于中国而流传于世界各个角落。如图 1-2 所示，自纸张在西汉被发明以来，从民间到皇室，便开展了广泛的折纸活动。纸偶、风筝、灯笼等都来自于先人面对白纸时的奇思妙想。然而，折纸最早的繁荣却出现于古代日本。伴随着隋唐年间的中日交流，折纸艺术跟随高句丽高僧昙征东渡日本，并立刻在日本传播开来。昙征也被日本人称为纸神[2]。

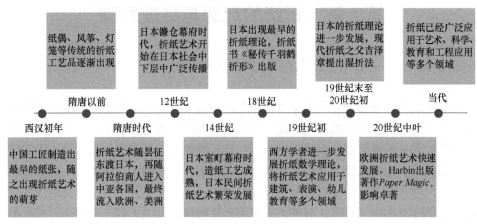

图 1-2　折纸艺术发展史[1]

　　最初折纸作为一门技艺被运用于日本佛教的典礼仪式之中。进入镰仓幕府时代，武士阶层出现了交换纸花作为友谊信物的潮流，折纸艺术开始向社会中下层浸润。到了室町幕府时代，造纸工艺日趋成熟，纸张产量增多且质量稳定。折纸艺术在日本民间的传播也更为广泛，艺术技巧得到进一步提高。显然这个传统能够一直保留到今天是与折纸艺术的魅力分不开的。实践造就理论。关于折纸的研究理论大概出现在 18 世纪以后。折纸书《秘传千羽鹤折形》于 1797 年出版，作者是僧人义道一圆。19 世纪末到 20 世纪初，日本的折纸技艺及其理论得到进一步提高。一名折纸艺术家，也是后来被公认为现代折纸之父的吉泽章，提出了湿折法，并且与美国人 Randlett 共同提出吉泽章-Randlett 系统[3]。

　　在世界的另一端，折纸艺术随着中国与西亚在唐代的深入交流，广泛传播于阿拉伯世界。折纸与数学的第一次结合，即是从阿拉伯人将欧洲几何学原理应用于折纸艺术开始的。8 世纪，伴随着摩尔人进入欧洲，折纸技艺在伊比利亚半岛地区传播开来，这也是折纸第一次进入欧洲，特别流行于南欧的西班牙、葡萄牙等地区。之后，西班牙在美洲殖民开拓，折纸艺术又进入了美洲，生于阿根廷首都布宜诺斯艾利斯的 Cerceda 原来是表演飞刀的著名演员，通过折纸来保持镇静，后来他在折纸方面的才华使得他成为少数几个西方现代折纸的奠基人之一，并且激励起更多的阿根廷人学习折纸。19 世纪初，西方学者和艺术家逐渐开始研究折纸的理论和应用。德国包豪斯艺术学院开创了将折纸应用于建筑设计的先河；杰出的教育大师 Froebel 认为折纸能够非常好地启迪智慧，将其应用于幼儿教学；

英国折纸协会会长、魔术师 Harbin 则把折纸用于魔术表演，1956 年，他的著作 *Paper Magic* 出版后，风靡西方。这部作品对于折纸艺术有深刻的见解[1]。

在当代，折纸艺术已经不仅仅是孩童手中的玩具或小众艺术家研究的技艺，它已经广泛应用于社会生产和生活的方方面面。在艺术领域折纸依旧是精彩而常见的艺术创作对象，多种折纸艺术派别涌现于今，包括切边折纸、纯粹折纸和净土折纸等。艺术作品范畴涵盖极为广泛，如基于造型的折纸，包括人物、动植物等；基于不同材质的折纸，包括单、双色折纸，网眼折纸，金属折纸，磨砂折纸等；基于应用的折纸，包括灯具、家具、服装和饰品等。在教育领域，折纸被广泛认为是一种可以启发儿童创造性思维并且锻炼儿童手脑协调的功课，在日本的幼儿园、学校中，折纸是一门常设的课程[4]。

在工程领域折纸艺术的应用更为广泛，例如，航天工程中基于 Miura 折纸进行收纳和展开的太阳能帆；建筑工程领域里，基于折纸展开与折叠特性的屋盖结构；汽车设计工程中，折纸构型不仅为汽车内外造型提供了灵感，也在防碰撞装置的设计中有所运用。

折纸起源于中国，繁荣于日本，应用于世界各个角落，如今已是一门成熟且涵盖广泛的学科。作为生长于折纸起源地的中国人，我们更应当热爱和学习这门艺术，研究和发掘其理论，推动折纸艺术的发展和传播。

1.2 现代折纸艺术之父吉泽章

吉泽章(1911～2005 年)是日本最有名的折纸艺术家，被认为是现代折纸之父，在折纸艺术领域有非凡的成就，为折纸艺术在全世界的推广做出了卓越贡献。

1.2.1 吉泽章生平

1911 年，吉泽章出生于日本栃木县，他从小热爱折纸艺术，成年后辞去了翻砂厂的工作，致力于这一爱好。吉泽章遇到了人生中最重要的一个机会：一家周刊的编辑在寻找一位折纸艺术家来设计黄道十二宫的图像，他们最终选择了吉泽章的作品，该作品引起了轰动，吉泽章也成为全国闻名的人物。

成名之后的吉泽章专注于折纸技术的提升和理论的创新。他曾经说过：花了23 年的时间才琢磨出蝉的折法。例如，为了折出理想的蝉，他专门研究了蝉的身体构造，捕捉到了蝉的形状。吉泽章的纸蝉(图 1-3)[5]，栩栩如生仿佛展翅待飞。在吉泽章看来学折纸并不需要特殊的天赋，只要有耐心并且持之以恒[3]。

吉泽章对于折纸的技术理论也进行了深入研究。他认为，折纸之前，必须先了解纸的性质。纸正像木头一样，也有纹理，顺着纹理折就比较灵活。为了推广折纸艺术,吉泽章提出系统的折纸语言。这种语言的基本符号包括两种:凹(向内)折和凸(向外)折。同时,为提高作品的艺术效果,吉泽章提出柔性折叠和湿性折叠的概念。柔性折叠是指折纸中部分折痕应当较其他折痕轻柔,从而更好地体现物品的形态;湿性折叠是指在折纸前对柔性折痕进行湿处理以方便折叠[1]。

图 1-3　吉泽章折纸作品——蝉[5]

吉泽章的理想是把折纸艺术传播给世界人民。1954 年,吉泽章创办了国际折纸研究会并担任会长,1955 年,他在荷兰阿姆斯特丹国家美术馆举办了个人折纸展。这次展览在西方世界引起了震动,影响了大批西方人从事折纸研究。1957 年,吉泽章出版了专著《折纸读本》。1966 后,他到全球数十个国家进行作品展出和讲演。到了 20 世纪 90 年代,吉泽章虽然年事已高,但仍非常活跃,多次在日本举办个人作品展和讲演活动[4]。

吉泽章对于折纸的研究与创作广泛而深入,从实践到理论,再由理论到实践。他对折纸的热爱,对艺术的追求精神将会和他发明的折纸语言,以及创造的无数精美的折纸作品一样永远流传。

1.2.2　吉泽章折纸语言

吉泽章发明的折纸语言,又称为吉泽章-Randlett 系统,是目前国际通用的折纸表达方式。该系统以箭头、直曲线和空实心符号表达折纸步骤和方法,如谷线折法和山线折法等。图 1-4 是该语言系统常用的四种表达折纸步骤的基本符号。图 1-5 为采用该语言系统描述的纸飞机与纸鹤的折叠方法[6]。

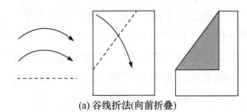

(a) 谷线折法(向前折叠)

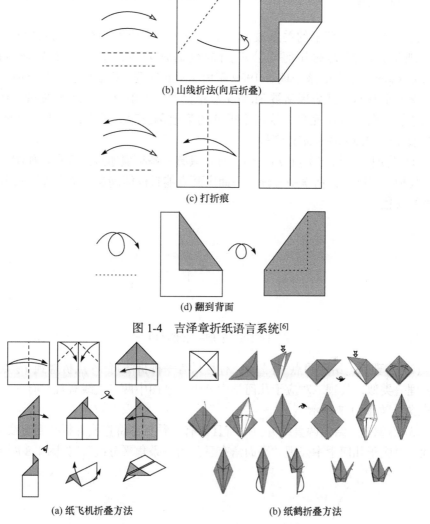

(b) 山线折法(向后折叠)

(c) 打折痕

(d) 翻到背面

图 1-4　吉泽章折纸语言系统[6]

(a) 纸飞机折叠方法　　　　　　　(b) 纸鹤折叠方法

图 1-5　吉泽章折纸语言应用示例[6]

1.3　折纸的数理基础

　　将折纸从艺术转变为科学的基础是数学。通过研究折纸的数学原理，并将其符号化、概念化，一门新的学科——折纸科学诞生了。历史上，有许多折纸家和数学家对此进行了广泛而深入的研究，做出了重要贡献。折纸的数理基础涉及几何学、拓扑学和优化理论等知识。正是这些宝贵工具为折纸艺术插上了科学的翅膀，翱翔于工程应用的广阔天空。

1.3.1 折纸公理

折纸科学与几何学的关系最为紧密。作为工程应用的基础，折纸科学中的几何理论是将经典的几何学公理用折纸语言来表达。其中最为著名的是 Huzita-Hatori 公理[7]，该公理于 1989 年由 Justin 发现，共推衍了六个公理，1991年，这六个基本折纸公理又被 Huzita 总结完善。2001 年，Hatori 发现，Huzita 的六个折纸公理并不完整，给出了折纸的第七条公理。最终，这七条公理合称为折纸几何(Huzita-Hatori)公理。

(1) 公理一：给定两点 P_1、P_2，有且只有一条折痕通过这两点。如图 1-6 所示，公理一实际是几何学中公理"平面中两点能且仅能确定一条直线"采用折纸语言的表达。

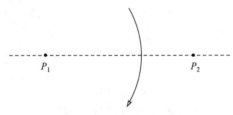

图 1-6　公理一示意图[7]

(2) 公理二：给定两点 P_1、P_2，有且只有一种折法将 P_1 点折叠到 P_2 点上。与公理一类似，公理二对应于几何学中公理"平面中两点连线有且只有一条垂直平分线"，如图 1-7 所示。

(3) 公理三：给定两直线 l_1、l_2，有且只有一种折法将直线 l_1 折叠到直线 l_2 上。公理三对应于几何学中公理"平面角有且只有一条角平分线"，如图 1-8 所示。

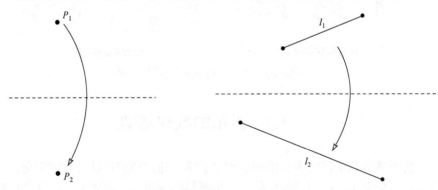

图 1-7　公理二示意图[7]　　　　图 1-8　公理三示意图[7]

(4) 公理四：给定一点 P_1 和一直线 l_1，有且只有一种折法将直线 l_1 垂直折叠，折痕通过点 P_1。公理四对应于几何学中公理"平面内点到直线有且只有一条垂线”，如图 1-9 所示。

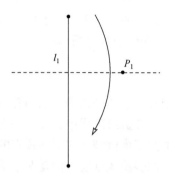

图 1-9　公理四示意图[7]

(5) 公理五：给定两点 P_1、P_2 及直线 l_1，可以将点 P_1 折叠到直线 l_1 上，折痕通过 P_2，如图 1-10 所示。

(6) 公理六：给定两点 P_1、P_2 及两直线 l_1、l_2，可以一次将点 P_1 折叠到直线 l_1 上，点 P_2 折叠到直线 l_2 上，如图 1-11 所示。

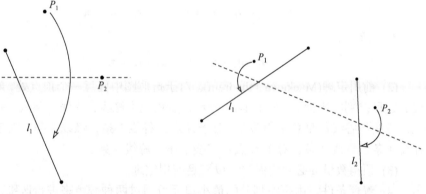

图 1-10　公理五示意图[7]　　　　　　　　　图 1-11　公理六示意图[7]

(7) 公理七：给定一点 P_1 和两直线 l_1、l_2，可以将点 P_1 折叠到直线 l_1 上，折痕垂直 l_2，如图 1-12 所示。

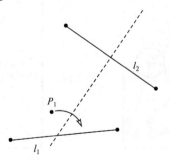

图 1-12　公理七示意图[7]

折纸公理将几何学引入折纸科学中，为折纸的工程应用奠定了基础。这些公理也说明折纸可以实现的几何目的有：①点与点的重合；②线与线的重合；③点与线的重合；④点过折痕；⑤线与自身重合。

1.3.2 平面可折叠条件

折纸模型可以展开为带有折痕的平面图，然而并不是任何带有折痕的平面图都可以折叠为三维折纸模型。在折纸工程中，称某平面图形为平面可折叠，即说明该图形根据折痕可以折叠为三维模型。对于多顶点的平面图形而言，是否为平面可折叠图形是一个非确定性多项式难题。但是对于单顶点图形，平面可折叠条件可以归纳为以下 4 点[8]。

(1) 川崎定理(Kawasaki's theorem)。将顶点射线所成的各角编号，若奇数角角度和等于偶数角角度和，则该顶点平面可折叠。如图 1-13 所示，中间顶点处各角编号 1~8，奇数角角度和等于偶数角角度和。

对于 A 点：

$$\alpha_1 + \alpha_3 + \alpha_5 + \alpha_7 = \alpha_2 + \alpha_4 + \alpha_6 + \alpha_8 = \pi \tag{1-1}$$

对于 B 点：

$$\alpha_1 + \alpha_3 + \alpha_5 = \alpha_2 + \alpha_4 + \alpha_6 = \pi \tag{1-2}$$

(2) 前川定理(Maekawa's theorem)。对于折痕图中任意一个顶点处，峰线与谷线的数目差别应当为 2，如图 1-14 所示，点划线为峰线，虚线为谷线。任意顶点处，峰线与谷线数量总是相差 2。对于 A 点：谷线 1 条，峰线 3 条；对于 B 点：谷线 4 条，峰线 2 条；对于 C 点：谷线 5 条，峰线 3 条。

(3) 顶角数量 n 必须为偶数，以满足前川定理。

(4) 着色条件。由折痕划分的最小单元可通过两种颜色来进行区别，相同颜色的单元不发生边重合，如图 1-15 所示。此条件为必要条件。

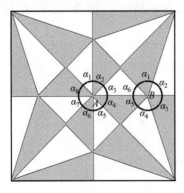
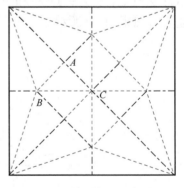

图 1-13　川崎定理示意图[8]　　　　　　图 1-14　前川定理示意图[8]

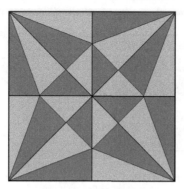

图 1-15　着色条件[8]

数学几何与拓扑学学者 Hull 对上述定理的充分性和必要性进行了进一步的研究[9]。

1.3.3　刚性折叠的概念

刚性折叠是指当结构从初始构型转变为另一种构型时，其连接边的运动仅包含平动或转动，此时的折叠为刚性折叠[8]。刚性折纸是指某折纸单元形成的结构在其展开和收缩过程中均为刚性折叠。刚性折纸的另一种定义是：对于某一种折纸，所有由折痕围成的面板在折叠或者展开过程中不能延展，或者说始终无应力，对于这样的折纸通常称为刚性折纸。而非刚性可动的折纸在运动过程中不能保证始终几何相容，可能会发生卡住现象或者面板发生延展、弯曲变形，产生应力[10]。

研究折纸结构的性能必须首先判断该折纸结构是否为刚性折叠。目前关于这方面的理论主要有以下成果[9]：

(1) 利用高斯曲率理论对多边形表面进行刚性可动的判定，利用的是平面的高斯曲率为 0 和非伸缩变形下高斯曲率恒定的性质。

(2) 利用球面三角学判定一个平面单顶点折纸是否为刚性折纸。

(3) 基于无穷小量折叠假设和折纸的峰谷布置判定折纸刚性可动的方法。

(4) 利用四元数和对偶四元数方法进行刚性可动的判定。

1.4　基本单元的概念

折纸基本单元是折纸科学中的重要概念。单位尺寸的纸张，根据特定的折痕图[图 1-16(a)]，在不进行平面内拉伸的前提下，仅通过折叠成为各面均为平面的三维立体[图 1-16(b)]，该立体称为对应于折痕图的基本单元[7]。

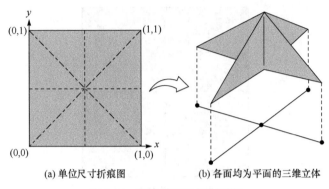

(a) 单位尺寸折痕图　　　　　　(b) 各面均为平面的三维立体

图 1-16　基本单元及折痕图[11]

　　基本单元的形状尺寸仅依赖于折痕图，但并非任意折痕图均可通过上述过程形成基本单元。当折痕图可以折叠为某基本单元时，该折痕图为平面可折叠折痕。其充要条件是由基本单元组成的折纸结构可以根据折痕恢复为平面状态[11]。

　　基本单元主要具备以下数学性质[11]。

　　(1) 投射性。

　　一种基本单元具有投射性是指基本单元的各个面可以运动到和初始折痕图平面垂直的状态(即完全折叠状态)。此时，单元的面在折痕图平面上的投影为若干相互连接的线段。由于这些线段类似于树的枝干，该投影图被称为树图。每一根枝干可以看作一个面的集合，即该单元的若干个面运动至重合后形成的厚面。根据枝干的长度、起点和终点，可以复原基本单元。利用投射性，将基本单元从 3D 模型折叠为 2D 模型，便于理论推导及工程应用。图 1-17 所示为某基本单元投影形成的，由若干枝干组成的树图。

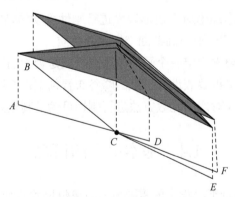

图 1-17　基本单元投影形成的树图[11]

　　(2) 完全性。

　　单元的完全性是指单元的每个面仅属于唯一的一个厚面，不存在同时属于两个厚面的单元面。

(3) 连通性。

具备连通性的基本单元,其树图的枝干是简单连接的,即不存在枝干形成的环。

(4) 单向性。

具备单向性的基本单元,其单元折叠形成后仅位于初始折痕图平面的一侧。换言之,单元可以完全覆盖其投影。

同时具备上述四种特性的单元称为单轴单元。折纸学者根据数学理论,提出了若干算法来建立树图,并根据树图来设计给定长度和枝干数量的单轴单元。这种设计基本单元的方法称为树法[11,12],即通过给定的枝干树图计算出单轴单元的数理方法。

1.5　多面体展开与折叠方法

1.5.1　多面体展开

折纸单元的展开是指将单元沿边切开展为平面,即沿边展开法[8],是单元折叠的逆过程。通过平面折叠形成的基本单元均可展开为平面。工程领域利用这一原理开发出许多可展机构。例如,为组装任意的多面体,可以直接引用其沿边展开平面图,根据展开路径将其恢复为立体图形,避免了多面体运动中出现干涉重合现象。

在沿边展开过程中,剪切仅沿折叠边进行。因此当展开图回溯为立体图形时,表面并无可见的缝隙。并且不论是展开还是折叠状态,几何体均不存在重合面。对于任意一个由平面围成的多面体,当某一个面展开运动与其相邻面形成共面时,如果其余各面均位于该平面的一侧,称该几何体为凸多面体;反之称为非凸多面体。一般来说,对于大多数多面体都可以进行沿边展开。但对于非凸多面体,则不一定能够沿边展开为连贯的图形。在非凸多面体的展开过程中,平面可能会发生干涉重合现象。图 1-18(a)所示为六面体按边展开为平面图形,平面内不出现切割线;图 1-18(b)所示为一般的展开过程,该过程中切割线会出现在面内。一般来说沿边展开是一个多解问题。

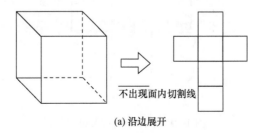

不出现面内切割线

(a) 沿边展开

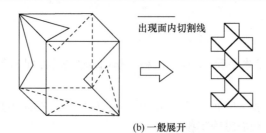

出现面内切割线

(b) 一般展开

图 1-18　六面体的展开过程[8]

多面体的展开还有许多其他方法[13]。除了针对凸和非凸多面体的沿边展开，还有顶点展开、正交多面体展开和网点展开等方法。这些方法均为工程实践提供了设计思路。

1.5.2　折叠方法

黏合法是沿边展开法的逆向应用。该方法是指在折叠过程中，假定将一条边与另一条边进行黏合，最终形成三维单元。为说明这一方法，首先介绍最短路径原理[13]：在某表面上，连接 i、j 的最短曲线路径总是存在且未必只有一条。当表面为平面时，最短路径为直线且仅有一条。

根据最短路径原理，可以定义多边形度量(metrics)的概念[8]，度量是指多边形内两点的黏合距离函数。此处的度量距离应与欧几里得几何空间的距离相区别，前者的拓扑为一球体表面的曲线，而后者为直线。

当平面图形采用黏合法形成多面体时，多边形边界上某两个对应点沿其度量函数运动黏合为一点，最终形成多面体。同时，黏合的边界还需要满足与对应边界段的等长匹配要求。当任意两对应点的度量函数的曲率非负时，黏合形成的多面体为凸多面体。

同时，度量函数的拓扑作为一个球体，黏合的边界不应有多余的段且不与其他黏合边界重合，即保证了黏合过程中面不发生干涉。图 1-19 为六个多边形(矩形)通过黏合形成六面体的过程。曲线为黏合的度量函数路径，可以看出其不会发生干涉和重合。

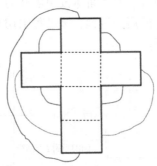

图 1-19　六面体的折叠过程[8]

参 考 文 献

[1] 瑞克比奇. 折纸大全[M]. 张舟娜, 译. 哈尔滨：黑龙江科学技术出版社, 2007.

[2] 樱空. 日本折纸艺术欣赏[EB/OL]. http://www.360doc.com/content/15/0103/20/28130_437816306. shtml[2015-01-03].

[3] 百度百科. 吉泽章[EB/OL]. https://baike.baidu.com/item/吉泽章/1743114?fr=aladdin[2015-04-25].

[4] 梅子. 折纸艺术简介、折纸艺术的发展及优秀图片欣赏[EB/OL]. http://www.rouding.com/chuantongshougong/zhidiaozhezhi/4350.html[2014-10-05].

[5] 创意画报. 折纸艺术：吉泽章——一张纸折出一个世界[EB/OL]. http://www.wowsai.com/zixun/12266-7-0.html[2015-10-03].

[6] 维基百科. 折纸语言[EB/OL]. https://zh.wikipedia.org/wiki/%E6%91%BA%E7%B4%99%E6%AD%A5%E9%A9%9F%E5%9C%96#cite_note-978-4537200195-1[2013-12-05].

[7] Alperin R C, Lang R J. One, two and multi-fold origami axioms[C]//The 4th International Meeting of Origami Science, Mathematics and Education, Pasadena, 2006.

[8] Turner N, Goodwine B, Sen M. A review of origami applications in mechanical engineering[J]. Proceedings of the Institution of Mechanical Engineers, Part C: Journal of Mechanical Engineering Science, 2016, 230(14): 2345-2362.

[9] Hull T. The combinatorics of flat folds: A survey[C]//The Third International Meeting of Origami Science, Asilomar, 2002: 29-38.

[10] 周雅. 基于折纸模型的圆管状折叠结构研究[D]. 南京: 东南大学, 2014.

[11] Lang R J. A computational algorithm for origami design[C]//Twelfth Symposium on Computational Geometry, Philadelphia, 1996: 98-105.

[12] Lang R J. The tree method of origami design[C]//The Second International Meeting of Origami Science and Scientific Origami, Otsu, 1994: 72-82.

[13] Demaine E D, O'Rourke J. Geometric Folding Algorithms: Linkages, Origami, Polyhedra[M]. Cambridge: Cambridge University Press, 2008.

第 2 章　经典折纸单元及其工程应用

2.1　经典折纸单元

本章介绍几种工程应用中常见的折纸基本单元，包括四折痕折纸单元、六折痕折纸单元和组合折痕折纸单元。这些采用不同折痕图的折纸单元具有各自独特的几何与物理性质，在多个工程领域中得到应用。

2.1.1　四折痕折纸单元

1. 四折痕折纸单元的概念

将任何平面折叠出顶角，最少需要四条折痕，且每个顶点折痕的数量总是偶数[1]。四折痕折纸单元即在基本折纸单元中，一个顶点有四条折痕，如图 2-1 所示[1]。根据 1.3.2 节中关于平面折痕图可以折叠为三维图形的必要条件——前川定理可知，顶点处的峰线与谷线数目之差必须为 2。因此，对于四折痕折纸单元，一个顶点处必然有三条峰线和一条谷线或者是三条谷线和一条峰线。又根据川崎定理可知：

$$180° - \alpha + \gamma = 180° - \beta + \beta - \gamma + \alpha \tag{2-1}$$

可以推出：

$$\alpha = \gamma \tag{2-2}$$

式中，α 和 β 分别为 2 号峰线和 3 号峰线与 x 轴的平面夹角；γ 为 3 号峰线与 4 号谷线的平面夹角。式(2-2)即两条峰线的夹角的补角等于另一条峰线与谷线的夹角。

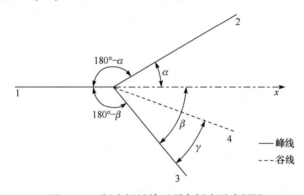

图 2-1　四折痕折纸单元顶点折痕示意图[1]

2. 经典 Miura 折纸单元

Miura 折纸单元是日本学者 Miura 提出的一种四折痕折纸单元。经典 Miura 折纸单元形式如图 2-2(a) 所示，单元由四个全等的平行四边形组成，其中 $\beta_1=\beta_2<90°$。由经典 Miura 折纸单元组成的结构折痕图如图 2-2(b)所示，折痕在平面的两个方向展开，一个方向均为直线，每条线在单元格上峰线和谷线交替；另一个方向均为折线，峰线和谷线依次交替，每段折线在与直线交点处镜像[2]。

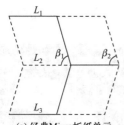 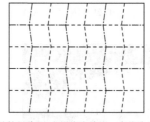

(a) 经典Miura折纸单元　　　(b) 结构折痕图(点划线为峰线，虚线为谷线)

图 2-2　Miura 折痕及基本单元

Miura 折纸单元在折叠和展开过程中，由单元的两全等四边形在运动过程中形成的夹角 α 称为单元折叠角。当 $\alpha=180°$ 时，单元为完全展开状态；当 $0°<\alpha<180°$ 时，单元为中间状态，如图 2-3 所示；当 $\alpha=0°$ 时，单元为完全折叠状态。

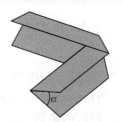

图 2-3　单元折叠角[3]

3. 变角度 Miura 折纸单元

当 $\beta_1\neq\beta_2$ 时，经典 Miura 折纸单元形成变角度 Miura 折纸单元，如图 2-4 和图 2-5 所示。此类单元由四个梯形组成。若干个变角度 Miura 折纸单元可以组成曲面结构，如图 2-6(a)所示[3]。

当变角度 Miura 折纸单元的折叠角为 0°时，曲面结构形成如图 2-6(b)所示的闭合曲边[3]。当单元内角 β_1 和 β_2 满足一定条件时，该曲边可闭合形成圆环且单元保持无应力状态。文献[3]中根据组成圆环的多边形内角与单元内角的关系，给出了满足闭合圆环的内角条件：

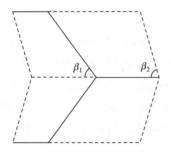 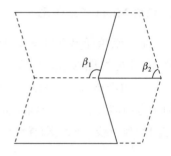

图 2-4　变角度 Miura 折纸单元图($\beta_1+\beta_2\neq\pi$)　　　图 2-5　变角度 Miura 折纸单元图($\beta_1+\beta_2=\pi$)

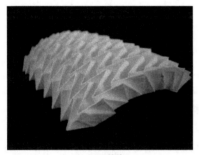 

(a) 展开状态　　　　　　　　　　　(b) 折叠状态

图 2-6　变角度 Miura 折纸单元形成的曲面[3]

$$\beta_2 - \beta_1 = \frac{\pi}{n} \tag{2-3}$$

式中，n 为构型中折纸单元的数量。

当单元折叠角 $\alpha\neq0°$ 时，变角度 Miura 折纸单元同样可以首尾相连形成无应力的闭合圆环结构。图 2-7 所示为组成圆环的变角度 Miura 折纸单元俯视图[4]，其中 φ 为圆环内接正多边形内角，根据内角和公式可知：

$$\varphi = \frac{n-2}{n}\pi \tag{2-4}$$

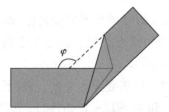

图 2-7　组成圆环的变角度 Miura 折纸单元[4]

文献[4]中给出了当单元折叠角 $\alpha\neq0°$ 时，φ 与单元内角 β_1 和 β_2 的关系：

$$\varphi = \pi - 2\arctan\left(\cos\frac{\alpha}{2}\tan\beta_2\right) + 2\arctan\left(\cos\frac{\alpha}{2}\tan\beta_1\right) \tag{2-5}$$

联系式(2-4)与式(2-5)，有

$$\frac{\cos\frac{\alpha}{2}\left(\tan\beta_2 - \tan\beta_1\right)}{1 + \cos^2\frac{\alpha}{2}\tan\beta_2\tan\beta_1} = \tan\frac{\pi}{n} \tag{2-6}$$

当 $\beta_1 + \beta_2 = \pi$ 时，单元折痕图如图 2-5 所示，组成单元的四个四边形为两组等腰梯形。此时形成的圆管结构，折叠投影的正多边形是圆管的内接多边形，如图 2-8 所示[5]，当单元折叠角 $\alpha \neq 0$ 时，将 $\beta_1 = \pi - \beta_2$ 代入式(2-6)，可获得其闭合条件为

$$\tan\beta_2\cos\frac{\alpha}{2} = \tan\frac{\pi}{2n} \tag{2-7}$$

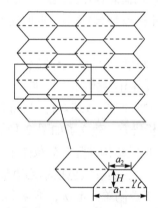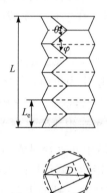

(a) 等腰梯形组成的Miura折纸单元折痕图　　　(b) 基于等腰梯形变角度Miura折纸单元的圆管结构

图 2-8　变角度 Miura 折纸单元及其组成的圆管结构[5]

4. Miura 折纸单元特性

1) 刚性折纸

经典 Miura 折纸单元形成的结构具有 1.3 节所述的刚性折纸特性，即每一步折叠后单元面均为平面，单元内不产生应力。具有这种特点的折纸结构被应用于航天、航空、机械和电子等领域。

2) 压缩与展开性能

Miura 折纸单元可以大幅度压缩结构的体积，最多可以压缩至原体积的 1/25；同时也可以仅通过在对角方向施加作用而快速展开，如图 2-9 所示。这些性能使 Miura 折纸单元在地图、太阳能板等领域被采用[6]。

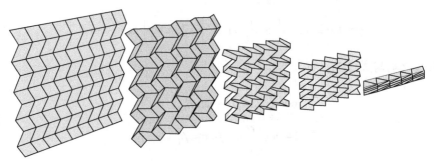

图 2-9　经典 Miura 折纸单元的展开过程[6]

3) 负泊松比性能

泊松比是指材料在单向受拉或受压时，横向正应变与轴向正应变的绝对值的比值，也称为横向变形系数，它是反映材料横向变形的弹性常数。采用一般材料如金属、橡胶、木材等制造的结构，在受拉(或受压)荷载作用方向产生伸长(或缩短)变形的同时，在垂直于荷载的方向也会产生缩短(或伸长)变形，此时定义泊松比均为正值。

由 Miura 折纸单元组成的结构(如三明治板、圆管等)可以视作拉胀材料，即此类结构的泊松比为负值：当材料结构在受拉(或受压)荷载作用方向伸长(或缩短)时，在垂直于荷载的另一个平面内方向的尺寸会同时伸长(或缩短)。Zhou 等针对由 Miura 折纸单元组成的蜂窝立体材料进行了分析研究，建立了如图 2-10(a)所示的由 Miura 折纸单元堆叠组成的立方蜂窝结构[7]。此类结构在竖向荷载作用下体现出负泊松比的特性。单元几何参数如图 2-10(b)所示，控制参数包括单元边长 a、b，夹角 γ_1 及单元边与 y 轴的夹角 ξ_1，前 3 个参数用于控制单元形状，第 4 个参数控制单元展开的程度。立方体每层单元的夹角 γ_i、边长 b_i 根据图 2-10(c)所示的折线函数确定。$\theta_{\max}$ 和 $\theta_{\min}$ 分别为 θ_i 的最大值与最小值。θ_i 与 γ_i 及 b_i 的关系为

$$\gamma_i = \begin{cases} \theta_i, & i \text{为奇数} \\ \pi - \theta_i, & i \text{为偶数} \end{cases} \tag{2-8}$$

$$b_i = \frac{A}{\cos\theta_i} \tag{2-9}$$

Zhou 等利用上述模型对参数进行分析获得结构各方向的泊松比，如图 2-10(d)、(e)和(f)所示，其中，ν_{SW} 为材料结构平面内泊松比，ν_{HW} 及 ν_{HS} 为材料结构在平面外的泊松比。根据分析可知，在材料平面内，结构体现出明显的负泊松比性质，在平面外，泊松比的正负性与单元的堆叠方式有关。

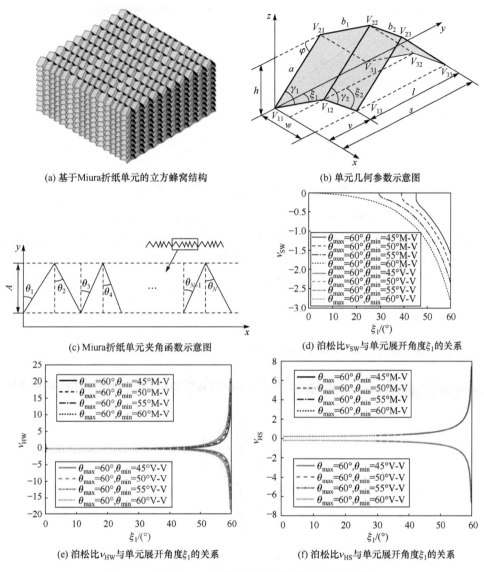

(a) 基于Miura折纸单元的立方蜂窝结构

(b) 单元几何参数示意图

(c) Miura折纸单元夹角函数示意图

(d) 泊松比ν_{SW}与单元展开角度ξ_1的关系

(e) 泊松比ν_{HW}与单元展开角度ξ_1的关系

(f) 泊松比ν_{HS}与单元展开角度ξ_1的关系

图 2-10　基于 Miura 折纸单元的材料负泊松比性能[7]

2.1.2　六折痕折纸单元

1. 六折痕折纸单元的概念

六折痕折纸单元的一个顶点处有六条折痕。根据前川定理，每个顶点处的折痕必然包括两条谷线和四条峰线，或者四条谷线和两条峰线，如图 2-11 所示[1]，其中 1 号、2 号、4 号和 5 号实线为峰线，3 号和 6 号虚线为谷线。根据第 1 章中介绍的川崎定理可知：

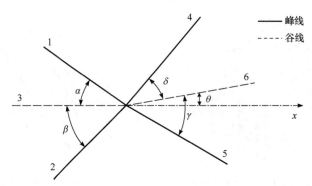

图 2-11　六折痕折纸单元顶点折痕示意图[1]

$$180° - \alpha - \delta - \theta + \gamma + \beta = \alpha + \delta + 180° - \beta - \gamma + \theta \tag{2-10}$$

式中，α、β 分别为 1 号和 2 号峰线与 x 轴的夹角；θ 为 6 号谷线与 x 轴的夹角；δ、γ 分别为 4 号和 5 号峰线与 6 号谷线的夹角。根据式(2-10)可得如下公式：

$$\beta - \alpha = \delta - \gamma + \theta \tag{2-11}$$

即两条峰线与其之间谷线夹角的差等于另两条峰线与其之间谷线夹角的差加谷线夹角的补角。

2. Yoshimura 折纸和 Waterbomb 折纸

经典六折痕折纸单元的折痕图为矩形，如图 2-12 所示，此时 $\alpha_1 = \alpha_2 = \alpha_4 = \alpha_5$。经典六折痕折纸单元组成的结构有如下两种组合形式。

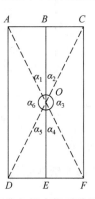

图 2-12　经典六折痕折纸单元的折痕图

第一种称为 Yoshimura 单元，组合方法如图 2-13(a)所示，将若干经典六折痕折纸单元在两个方向排列，此时点 D_1、点 E_1 分别与点 A_2、点 B_2 完全重合；点 E_1、点 F_1 分别与点 B_2、点 C_2 完全重合，重合折痕消失。因此，点 $F_1(C_2)$ 仅剩六条折痕，又形成一个新的经典六折痕折纸单元，最终结构的折痕图如图 2-13(b)所示。

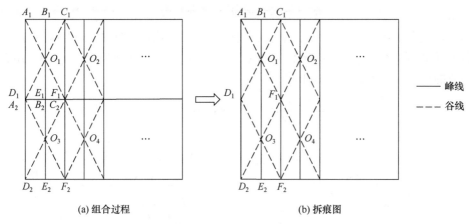

(a) 组合过程　　　　　　　　　　　　(b) 拆痕图

图 2-13　Yoshimura 折纸

第二种组合将经典六折痕折纸单元在每层之间错位排列，形成 Waterbomb 折痕。具体过程如图 2-14(a)所示，将两排经典六折痕折纸单元，错位半个单元的长度相连。此时点 E_1、点 F_1 分别与点 A_2、点 B_2 重合。在 D_1、E_1 和 F_1 等点，实际形成了新的六折痕折纸单元的顶点，此顶点由两条谷线和四条峰线组成。最终形成的 Waterbomb 折痕如图 2-14(b)所示。采用经典六折痕折纸单元组成的折纸结构通常是刚性可动的。

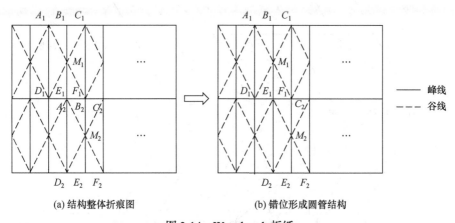

(a) 结构整体折痕图　　　　　　　　　(b) 错位形成圆管结构

图 2-14　Waterbomb 折纸

3. Kresling 单元

Kresling 单元为另一种六折痕折纸单元，由四个沿对角线折叠的全等的平行四边形单元分两层连接形成，在顶点处有六条折痕。根据上下两层的连接方式，Kresling 单元可以有两种形式。其中，I 型 Kresling 单元折痕图如图 2-15(a)所示，下层四边形为上层四边形沿侧边平移获得。在 I 型单元顶角处，$\alpha_1=\alpha_4>\pi/2$，$\alpha_2=\alpha_5$，

$\alpha_3=\alpha_6$。若干 I 型 Kresling 单元组合形成的折痕图如图 2-16(a)所示。II 型 Kresling 单元折痕图如图 2-15(b)所示，下层四边形为上层四边形以底边为轴镜像获得。在 II 型单元顶角处，$\alpha_1=\alpha_6<\pi/2$，$\alpha_2=\alpha_5$，$\alpha_3=\alpha_4>\pi/2$。若干 II 型 Kresling 单元组合形成的折痕排列图如图 2-16(b)所示。

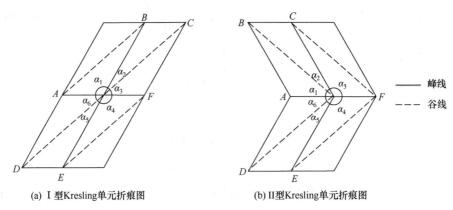

(a) I 型Kresling单元折痕图　　　　　　　(b) II型Kresling单元折痕图

图 2-15　Kresling 单元折痕图

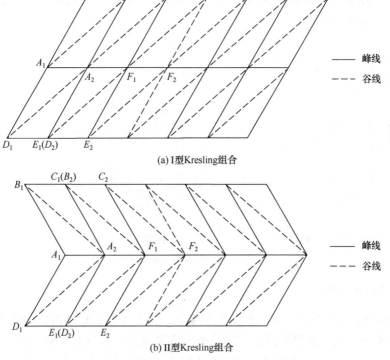

(a) I型Kresling组合

(b) II型Kresling组合

图 2-16　Kresling 单元折痕排列图

　　两种 Kresling 单元均可以形成圆管结构，其形成条件为由若干 Kresling 折纸单元组成的平行四边形完全折叠后形成的多边形可以完全闭合。Kresling 单元平行四边形折叠过程如图 2-17 所示[3]，其中 a、b 为四边形的边长，c 为四边形的对角线，α 为折痕与边的夹角。各折叠的平行四边形首尾相连形成如图 2-18 所示[3] 的多边形。

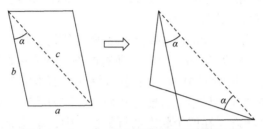

图 2-17　Kresling 单元平行四边形折叠过程

　　图 2-18 中，δ、β 和 θ 分别为 a、b 和 c 形成的夹角，按几何关系有

$$\delta = \beta = \theta = \pi - 2\alpha \tag{2-12}$$

当多边形闭合时，图 2-18 中的各多边形均为等边多边形，其内角和为

$$(\pi - 2\alpha)n = (n-2)\pi \tag{2-13}$$

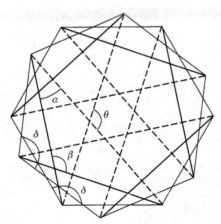

图 2-18　多个完全折叠平行四边形组成的多边形[3]

联合式(2-12)和式(2-13)可得 Kresling 单元形成闭合圆管的条件为

$$\alpha = \frac{\pi}{n} \tag{2-14}$$

式中，n 为组成圆管所需要的单元个数。

4. 六折痕单元特性

1) 形成圆管结构

六折痕单元适用于设计圆管类结构，单元的几何与物理特性也主要体现在圆管的压缩和拉伸变形中。根据不同的折痕类型，六折痕圆管结构可以分为两类：一类是基于经典六折痕单元的 Yoshimura 折纸与 Waterbomb 折纸圆管结构，另一类是基于 Kresling 单元的圆管结构。

图 2-19(a)所示为 Yoshimura 折纸形成的圆管结构，从左至右，四种圆管在环向上单元的数量分别为 8、6、4 和 3。所有的谷线折痕垂直于圆管轴向，即位于圆管的截面多边形边上[4]。在折叠与展开过程中，结构仅沿轴向变形。该结构为非刚性折纸，在展开过程中仅可能存在两个无应力状态：完全折叠状态和特定几何参数的展开状态。在两个状态的折叠过程中，单元面内会因轴向运动产生弹性应变[3]。

图 2-19(b)所示为 Waterbomb 折纸形成的圆管结构[8]。与图 2-19(a)中 Yoshimura 折纸圆管不同，此类圆管在折叠与展开过程中可在轴向与径向发生变形。与 Miura 折纸单元形成的蜂窝板类似，Waterbomb 折纸形成的圆管结构也具有负泊松比性质。

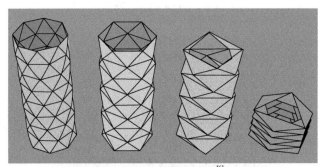

(a) Yoshimura折纸圆管结构[6]

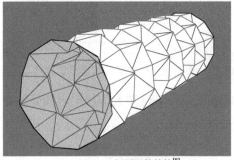

(b) Waterbomb折纸圆管结构[8]

图 2-19　基于经典六折痕单元的圆管结构

图 2-20(a)与(b)所示为 Kresling 单元形成的圆管结构[9]。该类圆管在压缩或展开过程中会同时发生轴向变形和扭转变形。此类圆管为非刚性折纸结构，即成型后的折叠变形会引起单元面内应力，圆管具有轴向刚度。圆管的刚度决定于同层两相邻单元形成的四边形对角线长度之比。

(a) I型Kresling单元圆管结构　　(b) II型Kresling单元圆管结构

图 2-20　Kresling 单元组成的圆管结构[9]

2) 双稳态特性

以 Kresling 单元为例进行说明：当折纸单元几何尺寸满足一定条件时，结构在展开过程中表现出应力先增大后减小至 0，达到零应力状态的特性。Cai 等[10]对 I 型 Kresling 单元组成的圆管进行受拉展开过程的分析，如图 2-21 所示。图 2-22为该过程 Kresling 单元的能量-位移曲线。当结构变形到某一时刻，结构具有另一能量最低点，即达到了中间无应力状态。

图 2-21　I 型 Kresling 单元圆管受拉展开过程[10]

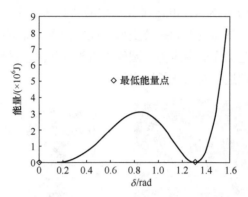

图 2-22　Kresling 单元圆管结构受拉的能量-位移曲线[10]

2.1.3　组合折痕折纸单元

组合折痕折纸单元即将不同折痕形式的折纸单元连接，组成新的基本单元。图 2-23 所示是将四折痕折纸单元与六折痕折纸单元进行组合。

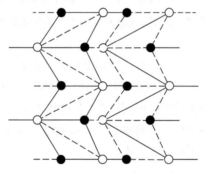

图 2-23　四折痕与六折痕组合单元[1]

1) Kresling-Miura 组合单元

采用 Kresling 折纸单元的变形机制可以将平面的 Miura 单元扩展为三维 Miura 圆筒折叠结构[11]。Kresling-Miura 组合单元的折痕图如图 2-24 所示，每隔若干层四折痕的 Miura 单元后增加一层六折痕的 Kresling 单元。这种三维可折叠结构的最大优势在于其具有近乎无应力的自然折叠机制，并有局部弹出效应，这对于航天领域的可展开结构设计具有非常重要的参考意义。

2) TMP 折纸单元

通过将两组彼此镜像的变角度 Miura 单元进行连接，形成了 TMP(Tachi-Miura pattern)圆管。在黏结处采用六折痕折纸单元进行过渡[6]。因此，此类单元可以看作是四折痕折纸单元与六折痕折纸单元的组合体。图 2-25 所示为 TMP 折纸单元折痕图[12]。图 2-26 为 TMP 折纸单元形成的圆管结构模型，截面上共有 4 个四折痕 Miura 单元和 2 个六折痕折纸单元。此类单元的最大特点是其折叠展开和折叠过程是无应力的，所以 TMP 圆管折纸属于刚性折纸。

图 2-24　Kresling-Miura 组合单元折痕图[11]

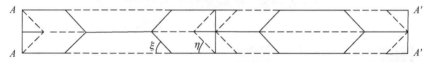

图 2-25　TMP 折纸单元折痕图[12]

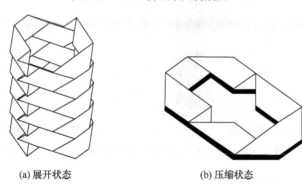

(a) 展开状态　　　　　　　　　(b) 压缩状态

图 2-26　TMP 折纸圆管结构模型[12]

2.2　工　程　应　用

2.2.1　材料科学领域的应用

研究人员提出将折纸单元形成人造蜂窝材料。Cheung 等研究了如图 2-27 所示的基于 Miura 单元的正交异性蜂窝材料[13]。由于具备了 Miura 单元平面内两个方向可同时变形的性质，该材料可在平面内的 X 和 Y 方向自由压缩和展开，同时

在 Z 方向具备刚度。Cheung 等通过试验测得了这种正交异性蜂窝材料在荷载作用下的性质,给出了各方向相对弹性模量和相对密度的关系。如图 2-28 所示,◇表示不同相对密度时材料在平面外(Z 方向)的相对弹性模量,● 表示不同相对密度时材料在平面内(X 和 Y 方向)的相对弹性模量。根据图中的关系,Cheung 给出了此类材料相对弹性模量和相对密度的关系:平面内 $E \propto \rho^{1.7}$;平面外 $E \propto \rho^{2.8}$,并且解释了试验值与理论值误差的来源。

图 2-27　基于 Miura 单元的正交异性蜂窝材料[13]

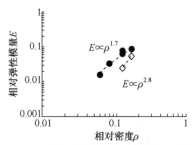

(a) 模型受压试验　　　　　(b) X、Y 和 Z 方向相对弹性模量与相对密度的关系

图 2-28　模型受压试验及蜂窝材料相对弹性模量和相对密度的关系[13]

2.2.2　航空航天领域的应用

1. 太阳能电池阵

在未来的太空探索中,太阳能电池阵不仅可以为航天器提供动力,而且可以收集太阳能并将其传送回地球。基于 Miura 折纸的可折叠太阳能电池阵是完成这一设想的有效方案。由于 Miura 折纸具有两个正交方向可以同时收缩和展开的特点,使得电池阵易于回收,并且 Miura 折纸的折叠和展开均是单自由度的,太阳能电池阵的尺寸可以进一步放大且无须担心展开时的控制问题。图 2-29 为 Miura 等设计的基于 Miura 折纸单元的可折叠平面太阳能电池阵结构[14]。

图 2-29　基于 Miura 折纸单元的可折叠平面太阳能电池阵结构[14]

Zirbel 等利用 HanaFlex 折痕开发出了图 2-30 所示的可展太阳能电池阵列模型[15]。这种阵列的收纳比率很高，收纳后的直径为展开的十分之一左右。因此阵列的收纳体积可以大幅度减小，方便运输。同时，由于可观的展开面积(未来预计展开直径可达 25m)，这种太阳能电池阵列预计将可以为太空任务提供更长效的能源储备。

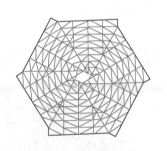 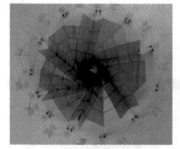

(a) HanaFlex折痕图　　　　　　(b) 太阳能电池阵列模型

图 2-30　基于 HanaFlex 折痕图的太阳能电池阵列模型[15]

2. 太空望远镜遮光罩

遮光罩是用来保持太空望远镜稳定性的设备。由于工作时遮光罩占用的空间较大，大尺寸的遮光罩一直是航天工业的设计难题。Wilson 等采用 TMP 单元或 Kresling 单元设计了可伸缩遮光罩[12]。

基于 TMP 单元的设计方案如图 2-31 所示，采用这种单元制造的遮光罩筒体在折叠收缩时不产生应变，遮光罩起皱的可能性较小；当筒体完全展开后，为望远镜设备提供了直棱柱空间，光线在遮光罩表面不会发生交替反射，绝缘性能好。此方案存在的缺点：在收缩和展开的过程中，圆管的横截面会发生变化，不易于与基础设备连接。

基于 Kresling 单元的设计方案如图 2-32 所示，此方案的展开和折叠过程同样具有低应力的特点，且在结构变形过程中截面尺寸不变，易于与基础设备连接。

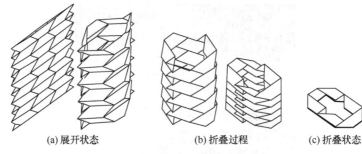

(a) 展开状态　　　　　　　(b) 折叠过程　　　　　(c) 折叠状态

图 2-31　基于 TMP 单元的遮光罩模型[12]

(a) 展开状态　　(b) 折叠过程　　(c) 折叠状态

图 2-32　基于 Kresling 单元的遮光罩模型[12]

　　基于 Kresling 单元设计的望远镜遮光罩具有更多优势，Wilson 开展了模型试验验证工作，如图 2-33 所示。

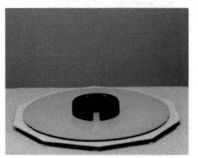

(a) 实物模型折叠状态　　　　　　　　　　(b) 实物模型展开状态

(c) 实物模型工作过程

图 2-33　基于 Kresling 单元的遮光罩模型试验验证工作过程[12]

3. 太空望远镜镜头

Lang 利用独特的组合折痕，改进了太空望远镜的衍射镜头，赋予了镜头轻便、轻质和可折叠的特性。图 2-34 所示为 Lang 采用折纸单元设计的直径 5m 的太空望远镜镜头[16]。

图 2-34　利用折纸单元设计的太空望远镜镜头[16]

2.2.3　电子与机械领域的应用

1. 可变形电池

可变形电池是指可以承受较大拉伸和弯曲变形的新型锂电池。该类电池结构能够承受在变形时产生的应变而不发生损坏。基于 Miura 折纸单元的可变形电池相较于其他可变形电池而言，有更好的机动性能和更高的能量密度，是一种理想的可变形锂离子电池(lithium-ion battery，LIB)。图 2-35 所示为传统的可变形电池和基于 Miura 折纸单元的可变形电池[17]。传统型是由多个功能面层(包括集电器、阳极、阴极、分离器和外皮)叠合组成的，折纸型则是将各层通过折痕连接。根据刚性折纸的原理，折纸型可变形电池可以实现较大的变形且面内不产生应变。Song 等对采用 Miura 折纸单元的可变形电池进行了有限元分析，如图 2-36 所示，在扭转和弯曲作用下，结构的整体应变接近于 0[17]。

2. 可变形轮胎

图 2-37 所示的轮胎结构是由 Lee 等利用六折痕 Waterbomb 单元设计的可变形折叠轮胎[18]。该轮胎的折痕图如图 2-38(a) 所示，形成球体后如图 2-38(b) 所示。这种结构的特点是当两端压缩时轮胎的直径会随之变大，如图 2-38(c) 所示。为充分利用这一性能，需要在轮胎内部加入弹簧，如图 2-39 所示。按照图 2-40 将两端的折痕进行修改使轮胎结构可以与弹簧良好连接。

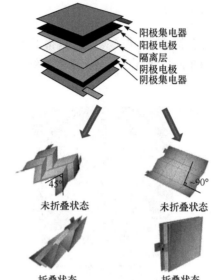

阳极集电器
阳极电极
隔离层
阴极电极
阴极集电器

45°

未折叠状态　　　　　　　　　未折叠状态

折叠状态　　　　　　　　　　折叠状态
基于Miura折纸单元的可变形电池　　传统的可变形电池

图 2-35　可变形电池[17]

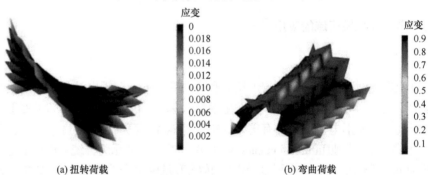

应变
0
0.018
0.016
0.014
0.012
0.010
0.008
0.006
0.004
0.002

应变
0.9
0.8
0.7
0.6
0.5
0.4
0.3
0.2
0.1

(a) 扭转荷载　　　　　　　　　　(b) 弯曲荷载

图 2-36　基于 Miura 折纸单元的可变形电池应变分析结果[17]

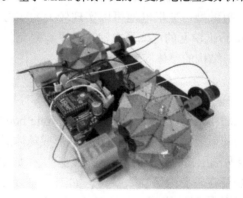

图 2-37　装备了 Waterbomb 折痕轮胎的机器人[18]

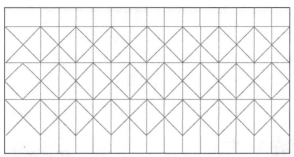

(a) 基本折痕图

(b) 展开状态

(c) 压缩状态

图 2-38　Waterbomb 单元形成的球体结构[18]

图 2-39　内置弹簧设计[18]

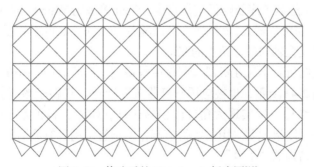

图 2-40　修改后的 Waterbomb 折痕图[18]

　　图 2-41 为可变形轮胎的工作过程。利用受压可恢复这一性能，装备该种轮胎的机器人可以通过空间条件严苛的场所。同时，由于六折痕单元的变形过程已经有良好的数理分析方法及结论，可以根据单元上节点位置的变化等信息推断轮胎的变形情况，从而对整体结构的变形进行监控。

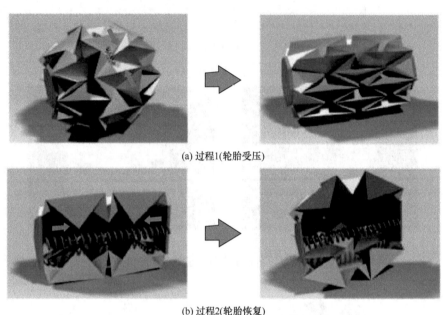

(a) 过程1(轮胎受压)

(b) 过程2(轮胎恢复)

图 2-41　可变形轮胎的工作过程[18]

　　随着社会的快速发展,各个工程领域都开始采用机器人技术进行生产和服务。目前，制约机器人技术应用的瓶颈在于其高昂的生产成本。例如，为了满足可变形的功能，机器人一般需要采用复杂且昂贵的零件进行加工制作。折纸单元由于其丰富的变形性能为解决这一难题提供了思路。基于 Waterbomb 折纸的蠕虫机器人可以由平面构型变形为立体构型，其变形迅速且简易。这种方案可以大幅节省建造成本、简化组装工序及降低结构自重。Onal 等采用 Waterbomb 折纸设计了如图 2-42 所示的蠕虫机器人,该机器人可以随着 Waterbomb 折纸在径向和轴向的收缩与展开，实现在轴向模拟蠕虫的蠕动[19]。

　　其他类型的折纸单元在机器人制作中也得到了广泛应用。Hoff 等提出一种扭塔折痕，如图 2-43 所示，也被应用于机器人设计[20]。得益于该类折痕的特殊性能，其形成的结构可以实现大角度的扭转运动，如图 2-44 所示。Hoff 对折纸模型进行了验证，结果说明采用扭塔折痕制作的圆管结构具有灵活的转动能力，可以作为机器人结构的"手臂"。

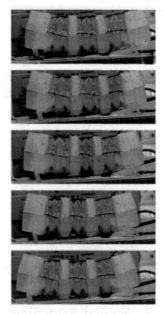

图 2-42　基于 Waterbomb 折纸的蠕虫机器人变形过程[19]

图 2-43　扭塔折痕[20]

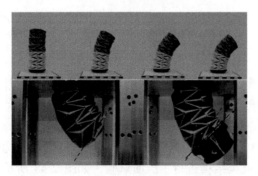

图 2-44　扭塔折痕设计的机器人"手臂"[20]

2.2.4 能量吸收与耗散领域的应用

1. 作为吸能材料

Yasuda 等提出了基于 TMP 单元的吸能材料, 如图 2-45 所示。在若干层 TMP 单元之间加入刚性隔离层, 形成类蜂窝板承压结构[21]。

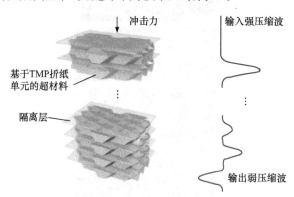

图 2-45　基于 TMP 单元的吸能材料[21]

通过建立单连杆模型进行受压分析, 可以进一步了解这种材料的吸能性质, 如图 2-46 所示。

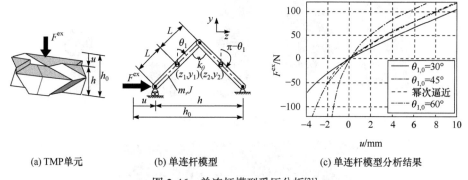

(a) TMP单元　　　　(b) 单连杆模型　　　　(c) 单连杆模型分析结果

图 2-46　单连杆模型受压分析[21]

多连杆模型在承受竖向压力荷载作用下结构的响应, 如图 2-47 所示。根据分析结果可知, 结构承受的压力波会快速扩散均匀, 体现出这种材料良好的吸收能量的作用。

类似于 TMP 单元, 采用经典 Miura 单元制作的蜂窝结构也具有吸收能量的作用。Elsayed 等对此类结构进行了压溃试验, 如图 2-48 所示, 在受到平面外压缩时, 每层蜂窝单元依次变形吸收耗散能量[22]。

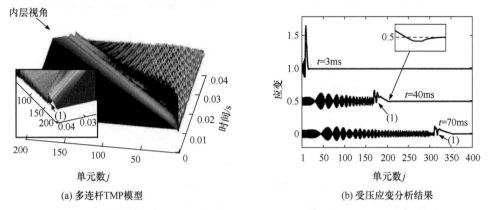

(a) 多连杆TMP模型

(b) 受压应变分析结果

图 2-47　多连杆 TMP 模型受压分析[21]

(a) 初始受力　　　　　(b) 压缩过程　　　　　(c) 压缩完全

图 2-48　Miura 单元的能量吸收作用[22]

除蜂窝结构外，Ma 等研究了图 2-49 和图 2-50 所示的采用 Miura 折纸构型结构的耗能能力[23,24]。采用折纸构型的圆管承受外荷载时，折痕类似于"初始几何缺陷"将外力进行扩散，加速结构变形向未变形区域扩散，从而耗散能量。Ma 等还对采用不带折痕的矩形管梁和带 Miura 单元的管梁在横向加载和轴向加载时进行了有限元对比分析，结果表明，带有 Miura 单元的结构具有更好的能量吸收性能。

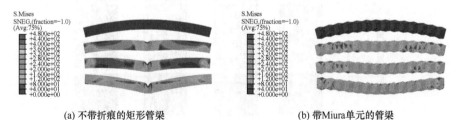

(a) 不带折痕的矩形管梁　　　　　(b) 带Miura单元的管梁

图 2-49　两种结构横向加载的应力云图(单位：MPa)[23]

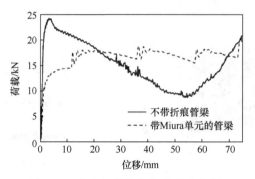

图 2-50　横向加载的荷载-位移曲线[23]

　　横向加载的应力云图与荷载-位移曲线分别如图 2-49 和图 2-50 所示[23]。由图可知，不带折痕的管梁在荷载作用下于荷载点处出现屈服，塑性应变无法向两侧传递，最终无法继续承载，在较小的变形时即达到极限；带 Miura 单元的管梁当跨中出现较小的塑性时，应力会快速传递至两侧单元，使得结构可以继续承载，在较大的变形时仍然可以保持刚度。由此可知，带有 Miura 单元的结构在横向荷载作用下能吸收更多的弹性应变能。

　　轴向加载的应变云图与荷载-位移曲线如图 2-51～图 2-53[24]所示。分析结果表明，带有 Miura 单元的结构在轴向荷载作用下同样能吸收更多的应变能。

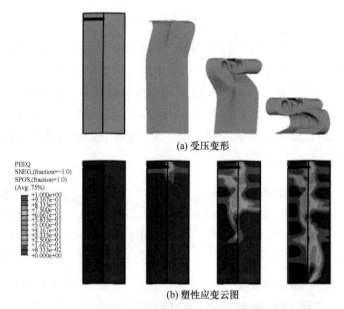

(a) 受压变形

(b) 塑性应变云图

图 2-51　不带折痕的矩形管轴向受压变形及塑性应变云图[24]

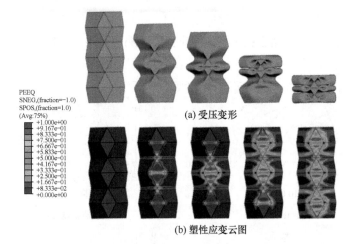

(a) 受压变形

(b) 塑性应变云图

图 2-52　带 Miura 单元的矩形管轴向受压变形及塑性应变云图[24]

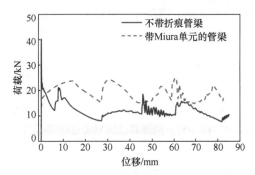

图 2-53　轴向加载的荷载-位移曲线[24]

2. 设计耗能与隔振装置

利用 Kresling 单元的扭转压缩变形功能可以吸收冲击作用下的机械能，其原理是利用了 II 型 Kresling 单元的双稳态特性。Ishida 等研究了带有 Kresling 单元的隔振装置[25]。该结构采用梁杆单元模拟 Kresling 单元的折痕。图 2-54 所示为该结构的折痕图，图 2-55 所示为隔振器受压屈曲过程，图 2-56 为隔振器单元在拉压两种条件下的应变-高度曲线。根据图中计算结果分析可知，该隔振器在

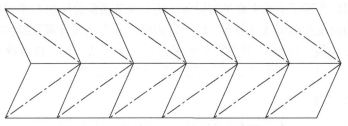

图 2-54　II 型 Kresling 单元组合的折痕图[25]

承受轴向压力荷载时，存在两个零应变时刻：初始状态和中间状态。这种设计使得结构在屈曲过程中可以储存更多的弹性应变能，隔振效果好于单次屈曲结构。

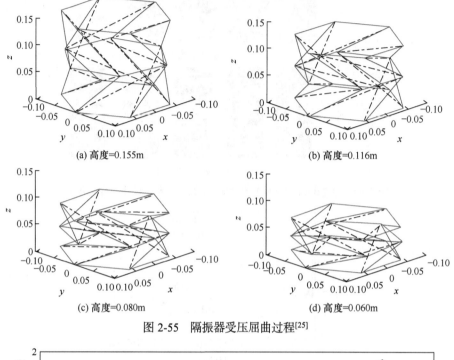

图 2-55　隔振器受压屈曲过程[25]

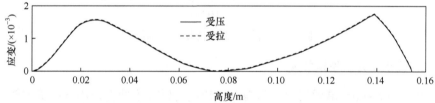

图 2-56　隔振器单元在拉压两种条件下的应变-高度曲线[25]

2.2.5　生物医学领域的应用

1. 可展隔离罩

X 射线仪是医疗手术中常见的设备。此类设备通常设计为 C 形臂结构，射线通过该结构由发生器到达发射器。C 形臂内部必须为无菌环境且结构自身能实现伸展和收缩功能。Francis 等利用变角度的 Miura 折纸单元可以形成曲面结构的特性，设计了应用于 C 形臂的可展隔离罩，如图 2-57 所示[26]。

2. 新型覆膜支架

支架是侵入性外科手术的常见工具，用于扩充和支撑人体器官的血管或内腔。

支架的类型分为普通支架和覆膜支架。覆膜支架是指在金属丝支架表面加盖一层软膜。这种结构可以有效地防止血管或内腔堵塞。然而，此类结构存在的问题是，在变形过程中，两种体系(金属丝体系和软膜体系)无法协调运动，进而导致结构破损。

Kuribayashi 采用 Waterbomb 折纸设计了新型覆膜支架[1]。此类覆膜支架可实现轴向和径向双向收缩，更加符合人体血管等组织的变形特点。图 2-58 所示为基于 Waterbomb 折纸单元的新型覆膜支架模型[1]。这种结构在轴向和径向上可同时展开和折叠，满足覆膜支架的变形条件。另外，即使处于折叠构型状态，结构仍然可弯曲变形。图 2-59 模拟了该新型支架的工作过程，其中，图 2-59(a)所示为支架随针头进入血管，图 2-59(b)所示为支架被针头推入遗留于血管，图 2-59(c)~(i)所示为释放约束后的支架自动展开过程。

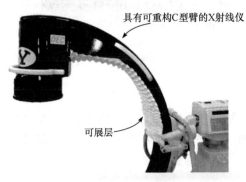

图 2-57　带有 Miura 折纸单元隔离罩的　　　图 2-58　基于 Waterbomb 折纸单元的
　　　　　X 射线仪[26]　　　　　　　　　　　　　　新型覆膜支架模型[1]

图 2-59　基于 Waterbomb 折纸单元的新型覆膜支架的工作过程[1]

3. 新型精密手术工具——采用食人花折纸单元

食人花折纸单元可以用来设计手术专用镊子等精密工具。Edmondson 等设计了图 2-60 所示的手术镊子[27]。该类工具既可以用于常规手术，也可以用于精密复杂的微创手术，其优势在于减少了生产零件、便于组装和易于杀菌等。

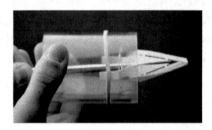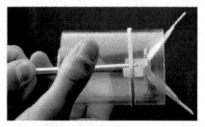

图 2-60　基于食人花折纸单元设计的手术镊子[27]

2.2.6　建筑与结构工程领域的应用

1. 提高结构刚度及抗冲击作用

在生活中人们可以观察到如下现象：简单弯折的纸张可以支撑远大于纸重量的物品，如图 2-61(a)所示[28]。这是由于通过折叠，平坦柔软的纸张在未增加质量的情况下会形成结构，具备了刚度，从而可以承担更大的荷载。简而言之，折叠可以使纸张具备刚度。

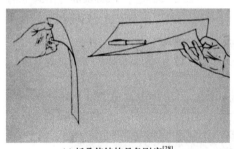

(a) 折叠使结构具备刚度[28]　　　　　　(b) 基于六折痕折纸构型的屋盖结构[29]

图 2-61　纸张的柔性与刚性

在建筑结构设计中，为提高结构刚度，减小其变形，需要加大承重构件的截面尺寸。但是构件自身的重量和材料的用量也会随之增加。为解决这一矛盾，结构工程学者提出诸多解决方法，如采用高强轻质材料、预应力技术、空心板等。许多学者还将目光投向了折纸构型，利用折纸构型在不增加材料的情况下设计出具备一定刚度的结构体系，如图 2-61(b)所示，深圳大学生运动会体育中心屋盖采用了六折痕折纸构型，既提高了结构刚度，又降低了屋盖自重，同时造型美观新颖[29]。图 2-62 所示为采用 Miura 单元设计的蜂窝板结构[30]。此类结构除具备较好的平面刚度，同时由于其具有良好的能量吸收性能，可以应用在抗冲击场合。

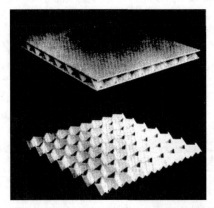

图 2-62　采用 Miura 单元设计的蜂窝板结构[30]

2. 满足建筑造型设计的要求

折纸单元形成的造型具有规则、对称的美感，且富于韵律的变化。这一优点为建筑师广泛采用，利用其进行建筑的顶篷、立面和节点的设计。图 2-63(a) 所示为英国建筑师 Moussavi 设计的横滨国际客运中心，该建筑的顶篷采用 Yoshimura 折痕设计，新颖别致[31]。图 2-63(b)所示为意大利建筑师 Piano 设计的波梅齐亚硫磺萃取工厂，该建筑同样采用了 Yoshimura 折痕对顶须进行了设计[32]。图 2-64 所示为采用四折痕单元设计的临时教堂，结构采用木材制作，轻质简易。另外由于该建筑采用了具有较好平面外刚度的折纸顶篷，结构内部无须立柱。因此，室内有良好的采光，方便使用[33]。图 2-65 所示为丹麦艺术家 Eliasson 设计的纽约彩色隧道，该建筑顶篷采用了多种折痕单元，包括四折痕单元、六折痕单元及八折痕单元等。不同的折痕单元赋予了顶篷丰富的变化和绚丽的色彩表现能力[34]。

(a) 采用六折痕折纸构型设计的横滨国际客运中心顶篷[31]

(b) 采用六折痕折纸构型的波梅齐亚硫磺萃取工厂顶篷[32]

图 2-63　采用六折痕单元设计建筑顶篷

图 2-64　采用四折痕单元设计的临时教堂[33]

图 2-65　采用多种折痕单元设计的纽约彩色通道[34]

3. 设计可展开结构

　　利用六折痕折纸单元在圆管轴向可收缩的特点，工程师设计了大量可随时收纳、重建和改变造型的可展开结构形式。例如，在应对自然灾害造成的居住困难问题时，基于折纸板的可展开帐篷有着较广泛的应用。如图 2-66(a)所示，Maanasa 等采用 Yoshimura 折纸构型设计了可展开帐篷，此结构在单人操作下仅需 1min 便可张拉成型[28]。这种帐篷利用六折痕折纸单元的几何与力学特性：只需在一个方向上变形——操作简单；刚性折纸——变形不产生应变，结构不易破坏。此外，这种帐篷采用纸板建造，重量较轻，便于携带。Maanasa 等也采用了木板及其他更为坚固的材料加工此类帐篷，如图 2-66(b)所示。

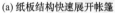

(a) 纸板结构快速展开帐篷   (b) 木板结构快速展开帐篷

图 2-66 基于 Yoshimura 折纸单元的可展开帐篷[28]

中国台湾著名竹雕工艺师陈铭堂受折纸启发，设计了基于改进的 Yoshimura 折纸单元的圆形可展穹顶，如图 2-67 所示[35]。此类建筑可以轻松、快速的展开与收纳，具有良好的收纳比，展开后空间充足，适用于会展等临时性工程；收纳后尺寸较小，方便运输。

(a) 展开过程

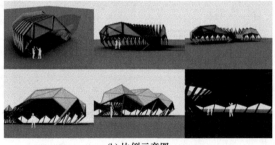

(b) 比例示意图

图 2-67 基于 Yoshimura 折纸单元的圆形穹顶及其展开过程[35]

四折痕折纸单元同样具有可刚性展开和折叠的特性。利用 Miura 折纸单元快速展开的特点，可以灵活地设计临时性建筑，如应用于野外的可展开帐篷。Lee设计了图 2-68 所示的基于变角度 Miura 折纸单元的可展开帐篷[36]，此类结构可以快速展开和收纳，同时设计采用柔性材料，在不影响刚度的条件下减小了结构自重。

图 2-68　基于变角度 Miura 折纸单元的可展开帐篷[36]

理想的可展开结构要求能实现刚性展开，即在展开过程中单元面上不出现弹性应变。然而，大多数情况下，建筑结构要根据地形采用曲线结构。变角度的 Miura 折纸单元可以实现结构弯曲，但无法始终保持刚性折纸的特性。因此，对于这种情形的 Miura 应用，需要对 Miura 折纸单元进行充分的研究和设计。Tachi设计的刚性折叠走廊就是利用了 Miura 折纸单元刚性折纸的特性[37]。

图 2-69 所示的结构位置图中，需要建立折线所示的可展开走廊。考虑到连接两端的高度和角度均不同，因此考虑采用 Miura 折纸单元时，需要进行专门的优化验算。优化的边界条件包括：刚性可折叠、平面可折叠、空间尺寸要求等。图 2-70 为满足要求的设计结果。

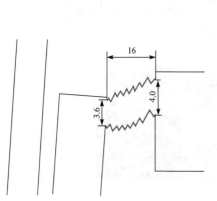

(a) 结构展开侧视图　　　　(b) 结构展开俯视图

图 2-69　可展开结构位置示意图(单位：m)[37]　图 2-70　基于变形 Miura 折纸单元的可展开结构[37]

4. 可重构结构

可重构结构与可展开结构的区别在于,前者不仅可以实现展开与收缩功能,同时兼具变形功能,可以通过改变结构部分构件的形态进行结构功能的切换。在伦敦金融区,Make 工作室的建筑工程师 Affleck 利用改造后的 Yoshimura 折纸结构建造了一座轻便、轻质的可重构结构,如图 2-71 所示[38]。该结构的外壁可重构出营业窗口,折叠的墙壁可作为遮篷,此类结构一般用于便利店、报刊亭等。

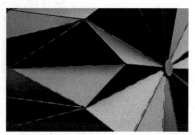

(a)远景　　　　(b)正面结构　　　　(c)折纸单元

图 2-71　可重构结构[38]

2.2.7　光学领域的应用

1. 设计特斯拉光学结构

在光学领域,Miura 折纸单元同样有广泛的应用。工程师利用折纸单元在折痕与平面处不同的光影效果,设计出多种美观且富有创意的照明灯具。例如,在人机界面交流领域,Cheng 等采用 Miura 折纸单元设计了特斯拉光学结构,如图 2-72(a)所示[39]。

特斯拉光学结构利用了 Miura 折纸单元的特性,实现了人与光学结构的自由互动。使用者通过改变 Miura 折纸单元的拉伸-折叠状态,可以使单元表面呈现不同的光影效果。图 2-72(b)所示为结构内部构造。该折纸结构由两层尼龙纤维组成,在较厚而硬的一层上铺设 LED 灯阵和传感器矩阵并刻出折痕,在较薄而软的一层上铺设光学和触觉感应器。当使用者用手触碰或结构进行折叠,单元的面相互交接时,电路会发生感应调整 LED 灯阵的照明效果。

2. 设计照明灯具

纸张质地轻、易于制造且价格低廉,使得折纸结构非常方便应用于生活设施的设计和制造。在光学领域,折纸单元最广泛的应用是灯具造型及产生不同的光学效果。图 2-73 所示为采用各种折纸单元制作的灯具。不同折纸模式带来了丰富多彩的光影效果,这些设计品为生活照明、居家装饰或节日庆祝提供了美好的点缀。

(a) 特斯拉光学结构

(b) 结构内部构造

图 2-72　基于 Miura 折纸单元的特斯拉光学结构[39]

(a) 球形灯

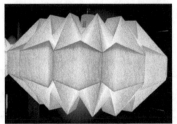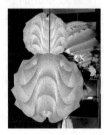

(b) 花朵形灯

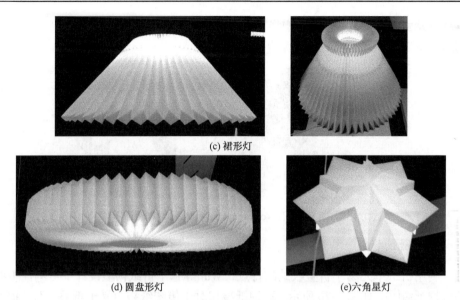

(c) 裙形灯

(d) 圆盘形灯　　　　　　　　　　　　(e)六角星灯

图 2-73　折纸单元对灯具造型的影响

2.2.8　声学领域的应用

利用折纸单元可以建造具有革命性的声音系统——谐振室。Geoffrey 等采用刚性折纸单元建造的谐振室如图 2-74 所示[40]。该结构一方面可以通过调节单元面板来改变环境的声场效果；另一方面由于具有刚性可动性，在振动条件下，结构不会产生拉应力和压应力。该结构多应用于影院、剧院或其他集会场所等。

图 2-74　基于 Waterbomb 折纸单元的谐振室面板[40]

2.2.9　流行文化领域的应用

1. 设计伸缩鞋

在流行文化领域，折纸单元同样有用武之地。如图 2-75 所示，Wu 将 Yoshimura

折纸单元引入皮鞋的设计中，增强了皮鞋的扩张能力，便于运动时保护脚步肌肉，同时赋予皮鞋新颖、美观的造型[41]。

图 2-75　带有 Yoshimura 折纸单元的伸缩鞋[41]

2. 设计购物袋

利用折纸单元易于折叠收纳的特点，Wu 等基于折纸构型设计了可刚性折叠的购物纸袋[42]，如图 2-76 所示。这种纸袋相对于传统纸袋更易于折叠、不易损坏且成形后强度和刚度更高。

(a) 完全展开状态　　　(b) 收纳状态一　　　(c) 收纳状态二　　　(d) 完全收纳状态

图 2-76　采用折纸单元设计的购物袋的折叠过程[42]

3. 设计背包

折纸单元同样启发了背包设计师。Francis 等利用特殊的 Yoshimura 折纸设计了图 2-77 所示的背包[26]。这种可双向收缩变形的六折痕单元不仅赋予了背包美观别致的外形，同时由于单元具备的负泊松比性质，使背包具有一定的变形能力。

4. 可展地图

传统地图的收纳一般采用正交折叠法。这种方法具有若干缺点：在折叠和展开时较为烦琐；一旦展开后，传统折痕容易反向运动；直角折痕在多重折叠后容易产生应力集中，导致地图容易在折痕处损坏。利用 Miura 折痕设计的折叠地图，可以仅通过地图两对角的拉伸和压缩实现展开和折叠，效率较传统形式高且折痕

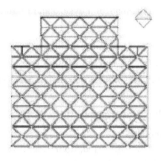

图 2-77　采用折纸单元设计的背包[26]

不易变形。同时，由于折痕处的纸张只有两层，连接处应力较小，地图不易损坏。图 2-78 为基于 Miura 折纸单元的可展地图展开过程[43]。

(a) 拉伸方法　　　　　　　　　　　　　　(b) 地图实物

图 2-78　基于 Miura 折纸单元的可展地图展开过程[43]

参 考 文 献

[1] Kuribayashi K. A Novel Foldable Stent Graft[D]. Oxford: University of Oxford, 2004.

[2] Morris E, McAdams D A, Malak R. The state of the art of origami-inspired products: A review[C]// International Design Engineering Technical Conferences/Computers and Information in Engineering Conference, Charlotte, 2016.

[3] 周雅. 基于折纸模型的圆管状折叠结构研究[D]. 南京: 东南大学, 2014.

[4] Schenk M, Kerr S, Smyth A M, et al. Inflatable cylinders for deployable space structures[C]// Proceedings of the First Conference Transformable, Sevilla, 2013.

[5] Song J, Chen Y, Lu G. Axial crushing of thin-walled structures with origami patterns[J]. Thin-Walled Structures, 2012, 54(2): 65-71.

[6] Miura K, Tachi T. Synthesis of rigid-foldable cylindrical polyhedra[C]//Symmetry: Art and Science, 8th Congress and Exhibition of ISIS, Gmuend, 2010.

[7] Zhou X, Zang S, You Z. Origami mechanical metamaterials based on the Miura-derivative fold

patterns[J]. Proceedings of the Royal Society of London A: Mathematical, Physical and Engineering Sciences, 2016, 472(2191): 20160361.

[8] Xi Z, Lien J M. Folding and unfolding origami tessellation by reusing folding path[C]//IEEE International Conference on Robotics and Automation, Seattle, 2015: 4155-4160.

[9] Kresling B. Origami-structures in nature: Lessons in designing "smart" materials[J]. MRS Online Proceedings Library, 2012, 1420(1): 42-54.

[10] Cai J, Deng X, Zhou Y, et al. Bistable behavior of the cylindrical origami structure with Kresling pattern[J]. Journal of Mechanical Design, 2015, 137(6): 061406.

[11] Kresling B, Abel J F. Natural twist buckling in shells: From the hawkmoth's bellows to the deployable Kresling-pattern and cylindrical Miura-ori[C]//Proceedings of the 6th International Conference on Computation of Shell and Spatial Structures, Ithaca, 2008.

[12] Wilson L, Pellegrino S, Danner R. Origami sunshield concepts for space telescopes[C]//AIAA/ ASME/ASCE/AHS/ASC Structures, Structural Dynamics, and Materials Conference, Boston, 2013.

[13] Cheung K C, Tachi T, Calisch S, et al. Origami interleaved tube cellular materials[J]. Smart Material and Structures, 2014, 23(9): 094012.

[14] Miura K. Triangles and quadrangles in space[C]// Proceedings of the International Association for Shell and Spatial Structures Symposium, Valencia, 2009.

[15] Zirbel S A, Trease B P, Thomson M W, et al. HanaFlex: A large solar array for space applications[C]//Micro- and Nanotechnology Sensors, Systems, and Applications VII, Baltimore, 2015.

[16] Lang R J. Origami: Complexity in creases (again)[J]. Engineering and Science, 2004, 67(1): 5-19.

[17] Song Z, Ma T, Tang R, et al. Origami lithium-ion batteries[J]. Nature Communications, 2014, 5(1): 1-6.

[18] Lee D Y, Kim J S, Kim S R, et al. The deformable wheel robot using magic-ball origami structure[C]//ASME 2013 International Design Engineering Technical Conferences and Computers and Information in Engineering Conference, Portland, 2013.

[19] Onal C D, Wood R J, Rus D. An origami-inspired approach to worm robots[J]. IEEE/ASME Transactions on Mechatronics, 2013, 18(2): 430-438.

[20] Hoff E V, Jeong D, Lee K. Origami Bot-I: A thread-actuated origami robot for manipulation and locomotion[C]//IEEE/RSJ International Conference on Intelligent Robots and Systems, Chicago, 2014.

[21] Yasuda H, Chong C, Charalampidis E G, et al. Formation of rarefaction waves in origami-based metamaterials[J]. Phsical Review E, 2016, 93(4): 043004.

[22] Elsayed E A, Basily B B. Preface: Theory and applications of sheet forming and sheet folding[J]. International Journal of Materials and Product Technology, 2004, 21(1-3):1-3.

[23] Ma J, You Z. Energy absorption of thin-walled beams with a pre-folded origami pattern[J]. Thin-Walled Structures, 2013, 73: 198-206.

[24] Ma J, You Z. Energy absorption of thin-walled square tubes with a prefolded origami pattern—Part I: Geometry and numerical simulation[J]. Journal of Applied Mechanics, 2014, 81(1): 1-11.

[25] Ishida S, Uchida H, Hagiwara I. Vibration isolators using nonlinear spring characteristics of

origami-based foldable structures[J]. Transactions of the Japan Society of Mechanical Engineers, 2014, 80(820): 1-11.

[26] Francis K C, Rupert L T, Lang R J, et al. From crease pattern to product: Considerations to engineering origami-adapted designs[C]//ASME 2014 International Design Engineering Technical Conferences and Computers and Information in Engineering Conference, New York, 2014.

[27] Edmondson B J, Bowen L A, Grames C L, et al. Oriceps: Origami-inspired forceps[C]//ASME 2013 Conference on Smart Materials, Adaptive Structures and Intelligent Systems, Snowbird, 2013.

[28] Maanasa V L, Sri R L R. Origami-innovative structural forms & applications in disaster management[J]. International Journal of Current Engineering and Technology, 2014, 4(5): 3431-3436.

[29] 马路.最美深圳[EB/OL]. https://tuchong.com/907865/13758729/#image 32716716[2018-07-24].

[30] Miura K. Zeta-core sandwich—its concept and realization[R]. Tokyo: Institute of Space and Aeronautical Science.

[31] Langdon D. AD classics: Yokohama international passenger terminal/foreign office architects (FOA)[EB/OL]. https://www.archdaily.com/554132/ad-classics-yokohama-international-passenger-terminal-foreign-office-architects-foa[2018-07-24].

[32] Mesnil R. Structural Explorations of Fabrication-Aware Design Spaces for Non-Standard Architecture[D]. Paris: Université Paris-Est, 2017.

[33] Maondada D. Temporary chapel by local architecture and danilo mondada[EB/OL]. https://www.designboom.com/architecture/temporary-chapel-by-localarchitecture-and-danilo-mondada/[2008-11-26].

[34] Wells J. Take your time: Olafur Eliasson, New York[EB/OL]. http://flux.net/take-your-time-olafur-eliasson-new-york[2017-12-11].

[35] 丰竹山庄. 折纸激发灵感——可折叠竹屋[EB/OL]. http://whcivil.com/news/show-312.aspx [2018-07-24].

[36] Lee E. Design for disaster: The Accordion recover shelter[EB/OL]. http://www.inhabitat.com/ 2008/09/03/matthew-malone-recovery-shelter/[2017-12-11].

[37] Tachi T. Geometric considerations for the design of rigid origami structures[C]// Proceedings of the International Association for Shell and Spatial Structures Symposium, Shanghai, 2010 .

[38] Affleck S. Canary Wharf Kiosk[EB/OL]. http://www.makearchitects.com/projects/canary-wharf-kiosk[2017-12-11].

[39] Cheng B, Kim M, Lin H, et al. Tessella: Interactive origami light[C]//Proceedings of the Sixth International Conference on Tangible, Embedded and Embodied Interaction, Kingston, 2012.

[40] Geoffrey T, Velikov K, Ripley C, et al. Soundspheres: Resonant chamber[J]. Leonardo, 2012, 45(4): 348-357.

[41] Han H. Design[EB/OL]. http://horatiohan. format.com/[2017-12-11].

[42] Wu W, You Z. A solution for folding rigid tall shopping bags[J]. Proceedings of the Royal Society of London A: Mathematical Physical and Engineering Sciences, 2011, 467(2133): 2561-2574.

[43] Miura M, Hull T. The application of origami science to map and atlas design[J]. Origami, 2002, 3: 137-146.

第 3 章 基于平面四连杆机构折叠板
开合屋盖体系研究

开合屋盖是在建筑理念中引入展开与折叠思想的结果，是现代体育建筑的一个主要发展方向，越来越受到人们的青睐[1]。最近我国兴起了建造开合结构的热潮，已有数十座小规模的开合式屋顶建筑，这些建筑目前运行状况良好，大型开合结构的建造也取得了一定的成就[2,3]。但国内外现已建成的数百座开合屋盖建筑的结构形式和开合机理较为简单[4,5]，而且开合屋盖的研究滞后于工程实践。随着越来越多的开合屋盖的建成，工程介绍性的文献较多，并且出现了一些综述性的文章，但其中有价值的文献仍然较少[6]。国际薄壳和空间结构协会(International Association for Shell and Spatial Structures, IASS)为推动开合结构的发展成立了第16工作组，并出版了 *Structural Design of Retractable Roof Structures* 一书，介绍了开合结构的设计和 11 个工程实例，但是该书所列的参考文献也只有 55 篇[7]。

近年来，国际上一些学者将折叠板壳结构和开合屋盖结合起来，形成了一种新的开合屋盖形式[8~10]，其折叠板壳结构形式一般来源于折纸艺术，如图 3-1 所示的折叠板壳结构就是基于折纸模型。图 3-2 所示为 Karni 等设计的基于球形四连杆机构的开合屋盖结构，其屋面材料为轻质材料，这样可以减轻自重；该体系的缺点是由于各单元之间存在不相容性，所以在运动过程中应力较大；该体系中各个单元是独立的，自由度较多，其运动控制依赖于板壳结构下部的剪式单元[11]。针对这些缺点，本章提出了一种基于平面四连杆机构的折叠板壳结构，并对该体系的运动特性进行深入的研究。

图 3-1 折叠板壳结构

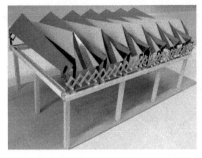

(a) 闭合状态　　　　　　　　　　　(b) 开启状态

图 3-2　基于轻质材料的开合屋盖结构

3.1　基于柱铰的折叠板壳体系

3.1.1　概念分析

图 3-3(a)为常见的平面铰接四连杆机构(简称平面四连杆机构)，图 3-3(b)为其基本单元的集合，即基本单元沿着每个方向阵列，然后将同一节点铰接的四根杆件，变为两根销接的杆件；如图中所示同一种线型标示的相连杆件为一根杆件。

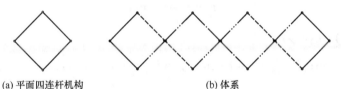

(a) 平面四连杆机构　　　　　　　(b) 体系

图 3-3　平面四连杆机构及其形成的体系

如将图 3-3(a)平面四连杆机构中的杆件用四块板代替，相连板之间为销接，如图 3-4 所示，则形成一折叠板壳单元。将形成的折叠板壳单元如图 3-3(b)一样组合起来，就可以得到如图 3-5 所示的开启屋盖体系。如图中所示，上方的两块长板壳组成覆盖下部空间的屋盖，下方的两块短板壳是为了减小体系的自由度，图 3-5 所示的开启屋盖体系的自由度为 1。

图 3-4　折叠板壳单元

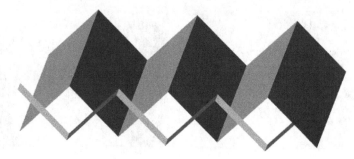

图 3-5　开启屋盖体系示意图

3.1.2　几何分析

国内外众多学者对平面四连杆机构的运动学进行了分析,本章将采用文献[12]的向量分析学方法来推导平面四连杆机构的闭合方程。

图 3-6(a)为一平面四连杆机构,杆件与 x 轴的夹角分别为 θ_1、θ_2、θ_3 和 θ_4。机构在 O、Q 点约束,具有 1 个自由度,所以如果已知 θ_2、θ_3 和 θ_4 中的任意一个角(θ_1 固定不变),可以求得其余两个角度,因此其闭合方程,即输入输出角的关系,可以利用图 3-6(b)的向量示意图求得。

$$r_p = r_1 + r_4 = r_2 + r_3 \tag{3-1}$$

式(3-1)可以写为

$$l_1\left(\cos\theta_1 \boldsymbol{i} + \sin\theta_1 \boldsymbol{j}\right) + l_4\left(\cos\theta_4 \boldsymbol{i} + \sin\theta_4 \boldsymbol{j}\right) = l_2\left(\cos\theta_2 \boldsymbol{i} + \sin\theta_2 \boldsymbol{j}\right) + l_3\left(\cos\theta_3 \boldsymbol{i} + \sin\theta_3 \boldsymbol{j}\right)$$

$$\tag{3-2}$$

式中, l_1、l_2、l_3 和 l_4 分别为四根杆件的长度。

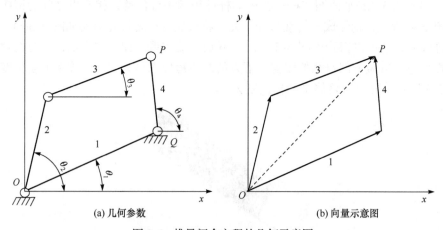

(a) 几何参数　　　　　　　　　　　　　(b) 向量示意图

图 3-6　推导闭合方程的几何示意图

由式(3-2)可以求得平面四连杆机构的闭合方程为

$$\begin{cases} l_1\cos\theta_1 + l_4\cos\theta_4 = l_2\cos\theta_2 + l_3\cos\theta_3 \\ l_1\sin\theta_1 + l_4\sin\theta_4 = l_2\sin\theta_2 + l_3\sin\theta_3 \end{cases} \tag{3-3}$$

由式(3-3)可知，如果 θ_3 已知，可以利用式(3-3)求得 θ_2 和 θ_4。但是由于式(3-3)是三角函数方程组，一般较容易获得其数值解，下面推导其解析解。将式(3-3)变换为

$$\begin{cases} l_1\cos\theta_1 + l_4\cos\theta_4 - l_3\cos\theta_3 = l_2\cos\theta_2 \\ l_1\sin\theta_1 + l_4\sin\theta_4 - l_3\sin\theta_3 = l_2\sin\theta_2 \end{cases} \tag{3-4}$$

将式(3-4)中的两个方程平方后相加可得

$$\begin{aligned} l_2^2 = {} & l_1^2 + l_3^2 + l_4^2 + 2l_1l_4\left(\cos\theta_1\cos\theta_4 + \sin\theta_1\sin\theta_4\right) \\ & - 2l_1l_3\left(\cos\theta_1\cos\theta_3 + \sin\theta_1\sin\theta_3\right) \\ & - 2l_4l_3\left(\cos\theta_4\cos\theta_3 + \sin\theta_4\sin\theta_3\right) \end{aligned} \tag{3-5}$$

式(3-5)给出了用 θ_3 表示的 θ_4，但是隐式表示，不是显式表示。为了得到更为简化的表达式，将式(3-5)写为

$$A\cos\theta_4 + B\sin\theta_4 + C = 0 \tag{3-6}$$

式中，系数 A、B 和 C 可以表示为

$$\begin{cases} A = 2l_1l_4\cos\theta_1 - 2l_4l_3\cos\theta_3 \\ B = 2l_1l_4\sin\theta_1 - 2l_4l_3\sin\theta_3 \\ C = l_1^2 + l_3^2 + l_4^2 - l_2^2 - 2l_1l_3\left(\cos\theta_1\cos\theta_3 + \sin\theta_1\sin\theta_3\right) \end{cases} \tag{3-7}$$

将 $\sin\theta_4$ 和 $\cos\theta_4$ 表示为

$$\begin{cases} \sin\theta_4 = \dfrac{2\tan\left(\dfrac{\theta_4}{2}\right)}{1+\tan^2\left(\dfrac{\theta_4}{2}\right)} \\[3ex] \cos\theta_4 = \dfrac{1-\tan^2\left(\dfrac{\theta_4}{2}\right)}{1+\tan^2\left(\dfrac{\theta_4}{2}\right)} \end{cases} \tag{3-8}$$

将式(3-8)代入式(3-6)可以得到

$$(C-A)\tan^2\left(\frac{\theta_4}{2}\right)+2B\tan\left(\frac{\theta_4}{2}\right)+(A+C)=0 \qquad (3\text{-}9)$$

利用式(3-9)可以求得 θ_4 为

$$\theta_4 = 2\arctan\left(\frac{-B\pm\sqrt{A^2+B^2-C^2}}{C-A}\right) \qquad (3\text{-}10)$$

从而利用式(3-10)可以不用求非线性方程组，直接求出 θ_4，然后将 θ_1、θ_2 和 θ_4 代入式(3-5)，可以很方便地求出 θ_3。

3.2　基于滚动铰的折叠板壳体系的设计

3.2.1　概念分析

　　3.1 节中提到的平面四连杆机构以及折叠板壳体系中最常用的销接节点如图 3-7 所示。该节点具有 1 个旋转自由度，可以连接杆件，也可以连接两块板，如开门、关门常用的铰，所以也称为门铰。但其缺点是由于节点的尺寸问题，两个构件在折叠时会产生碰撞，从而限制其运动，机构学中称为拓扑干涉(topological interference)[13,14]。

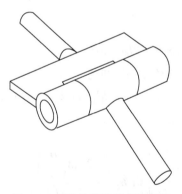

图 3-7　典型的销接节点示意图

　　图 3-8 为常用的考虑拓扑干涉的平面四连杆机构设计示意图，从图中可以看出，其主要思路是将四根杆件放置在不同平面，从而避免相邻杆件间的碰撞。但本章所提出的折叠板开合屋盖体系不能采用图 3-8 所示的方法，如图 3-9 所示，折叠板壳结构板也不能错位。

　　1974 年，Hilberry 等提出了滚动铰(rolling joints)，并申请了专利[15]。但该形式的节点在我国古代的屏风中就已经使用了，Wilkes 也于 1969 年申请滚动带

(roller-band)专利时使用了该形式的节点[16,17]。

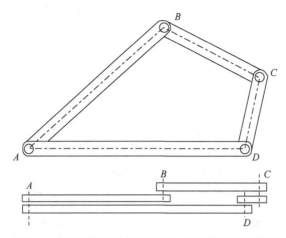

图 3-8　考虑拓扑干涉的平面四连杆机构设计示意图

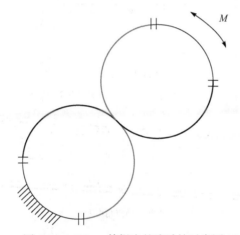

图 3-9　Hilberry 等提出的滚动铰示意图

　　图 3-10 所示为平面四连杆机构使用的滚动铰运动过程示意图。由图中可以看出，平面四连杆机构相邻杆件的端部均为半圆柱，其半圆柱的直径可以相等，也可以不相等，图 3-10 所示为半径相等的案例。两个半圆柱的接触方式为滚动接触，其运动过程如图 3-10 所示。当机构运动时，其中一个半圆柱绕着另外一个半圆柱旋转，两个面之间没有滑动，所以两个半圆柱轴心线之间的距离始终保持相等，为两个半圆柱半径之和。

　　滚动节点的制作方法有很多，本章主要介绍如下两种方法：一种方法是来源于日本的玩具，其制作方法是用带子将两个半圆柱面相连，如图 3-11 所示。AB 和 DE 部分固定在构件上，而 BC 和 CD 部分与构件分离。另一种方法是利用拉索将两个部件相连，其侧视图和俯视图如图 3-12 所示。为了使拉索能够更好地工作，在安装期间，应该在 A、C 和 E 点固定拉索，然后在另外一端张拉拉索，使索中具有一定的预应力。

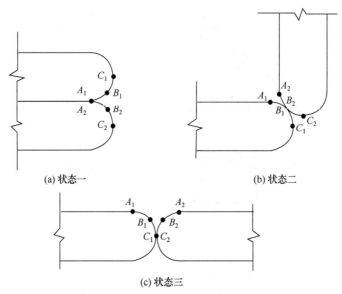

(a) 状态一　　　　　　　　　　　　(b) 状态二

(c) 状态三

图 3-10　平面四连杆机构使用的滚动铰运动过程示意图

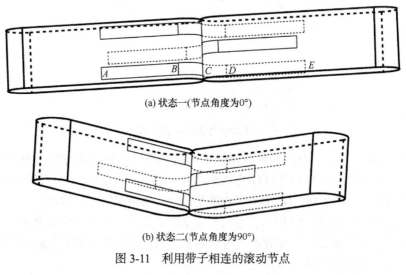

(a) 状态一(节点角度为0°)

(b) 状态二(节点角度为90°)

图 3-11　利用带子相连的滚动节点

(a) 侧视图

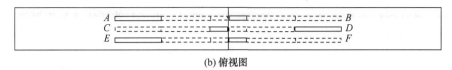

(b) 俯视图

图 3-12 利用拉索相连的滚动节点

3.2.2 滚动铰连接的平面四连杆机构

图 3-13 所示为传统销接节点连接的平面四连杆机构的三个运动状态。其相对应的由滚动节点连接的平面四连杆机构的三个运动状态如图 3-14 所示。图 3-14 中节点 A_1、A_2、…、D_2 为滚动节点半圆柱横截面的圆心。相邻杆件滚动节点圆心的连线用 A_1A_2、B_1B_2、C_1C_2 和 D_1D_2 表示，如图 3-15 所示。当机构运动时就像铰接八连杆机构一样，A_1A_2、B_1B_2、C_1C_2 和 D_1D_2 绕着各自的圆心转动。需要指出

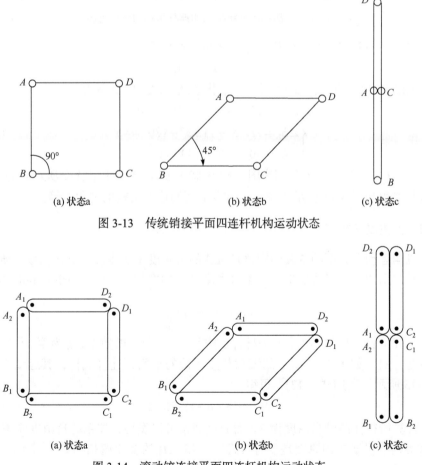

(a) 状态a   (b) 状态b   (c) 状态c

图 3-13 传统销接平面四连杆机构运动状态

(a) 状态a   (b) 状态b   (c) 状态c

图 3-14 滚动铰连接平面四连杆机构运动状态

的是，该八连杆机构还有 4 个运动学约束，即 $\angle A_1$ 和 $\angle A_2$ 的变化值是相等的，其余各个节点也各有一个类似的约束。

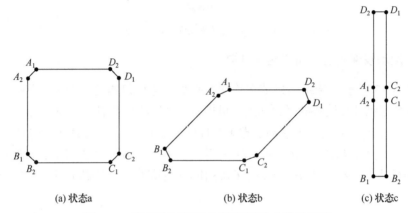

(a) 状态a　　　　　　　　　(b) 状态b　　　　　　　(c) 状态c

图 3-15　滚动铰连接平面四连杆机构力学示意图

定义平面四连杆机构中相邻连杆之间的夹角为

$$\angle B = \angle B_1 + \angle B_2 - \pi \tag{3-11}$$

利用式(3-11)可以求得图 3-14 所示三个状态连杆之间的夹角为

$$\begin{cases} \angle B_a = 135° + 135° - 180° = 90° \\ \angle B_b = 112.5° + 112.5° - 180° = 45° \\ \angle B_c = 90° + 90° - 180° = 0° \end{cases} \tag{3-12}$$

式中，$\angle B_a$、$\angle B_b$、$\angle B_c$ 分别为图 3-14 中状态 a、状态 b 和状态 c 所对应的夹角，而这些夹角与图 3-13 所示传统销接节点平面四连杆机构的夹角相等。

3.2.3　自由度分析

机构运动学分析的首要问题就是机构的自由度是多少。在机构领域，研究人员针对常用的节点形式提出了许多自由度判断的准则，如 Kutzbach-Grubler 方程。

$$M = 3(n - j - 1) + \sum_{i=1}^{j} f_i \tag{3-13}$$

式中，M 为体系的自由度；n 为杆件的数量；j 为节点的数量；f_i 为第 i 个节点的自由度。对于如图 3-14 所示的滚动节点连接的平面四连杆机构，其运动本质如图 3-15 所示，利用式(3-13)，可得

$$M = 3(8 - 8 - 1) + 8 = 5 \tag{3-14}$$

计算所得体系的自由度为 5。而通过观察可以发现，体系的自由度应该为 1。计算得到错误结果的原因是没有考虑 $\angle A_1$ 和 $\angle A_2$ 的变化值相同等 4 个约束。将式(3-13)修正为

$$M = 3(n-j-1) + \sum_{i=1}^{j} f_i - k \tag{3-15}$$

式中，k 为体系的运动约束数。从而可以得到体系的自由度为

$$M = 3(8-8-1) + 8 - 4 = 1 \tag{3-16}$$

修正后的 Kutzbach-Grubler 方程计算所得的机构自由度为 1，结果是正确的。

对于铰接杆件体系，Maxwell 提出具有 j 个节点的体系，该体系应有不少于 $3j-6$ 个杆件，这样体系才是动定的。这就是著名的 Maxwell 准则[18]。一个多世纪后，Calladine 指出 Maxwell 准则只是铰接杆件体系动定的必要条件，并对其进行了修正[19]。

$$d \times j - n - k = m - s \tag{3-17}$$

式中，d 为体系的维数，三维时 $d=3$，二维时 $d=2$；m 为体系的独立机构模态；s 为体系的独立自应力模态。

对于图 3-15 所示的体系，$d=2$，$j=n=8$，$k=4$。将这些条件代入式(3-17)，可得

$$m - s = 2 \times 8 - 8 - 4 = 4 \tag{3-18}$$

然后利用平衡矩阵的奇异值分解[20,21]，可以求得体系的自应力模态为 0，所以其独立机构模态数为 4，其中 3 个为整体的刚体位移模态，自由度为 1。Maxwell 准则和修正后的 Kutzbach-Grubler 方程计算所得的结果是一致的。

3.2.4　运动过程模拟

本节利用大型商用软件 Pro/Engineering 来模拟滚动节点及其构成的平面四连杆机构的运动过程。

首先在 Pro/PART CAD 中给出各个杆件的三维模型，然后在 Pro/ASSEMBLY CAD 中组装，最后在 Pro/Mechanism 中运行。利用齿轮节点来模拟滚动节点，并在节点处设置一个发动机作为驱动，速度为 3.0°/s。模拟结果如图 3-16 所示。

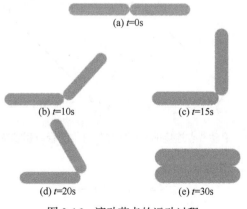

(a) $t=0$s

(b) $t=10$s　　(c) $t=15$s

(d) $t=20$s　　(e) $t=30$s

图 3-16　滚动节点的运动过程

利用上述方法模拟得到的平面四连杆机构运动过程如图 3-17 所示。

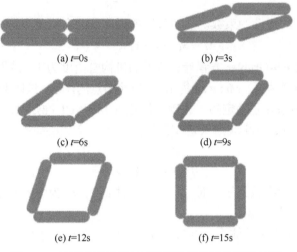

(a) t=0s   (b) t=3s

(c) t=6s   (d) t=9s

(e) t=12s   (f) t=15s

图 3-17　滚动节点连接的平面四连杆机构的运动过程

3.3　基于滚动铰的折叠板壳体系的几何分析

3.3.1　闭合方程

如图 3-18 所示，连杆 1、2、3、4 以及代替滚动铰的杆件 A、B、C、D 共 8 根杆件相互铰接。假定连杆 1、2、3、4 与 x 轴的夹角分别为 θ_1、θ_2、θ_3、θ_4；杆件 A、B、C、D 与 x 轴的夹角分别为 θ_A、θ_B、θ_C、θ_D。

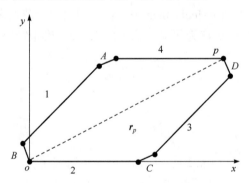

图 3-18　滚动节点连接的平面四连杆机构闭合方程求解示意图

利用式(3-11)可以得到

$$\angle A = \angle A_1 + \angle A_2 - \pi \qquad (3-19)$$

而 $\angle A$ 还可以表示为

$$\angle A = \pi - \theta_1 + \theta_4 \tag{3-20}$$

由体系的约束条件可知 $\angle A_1 = \angle A_2$，从而利用式(3-19)和式(3-20)可以求得

$$\angle A_1 = \angle A_2 = \pi - \frac{\theta_1 - \theta_4}{2} \tag{3-21}$$

而杆件 A 与 x 轴的夹角 θ_A 可表示为

$$\theta_A = \angle A_2 + \theta_1 - \pi \tag{3-22}$$

将式(3-21)代入式(3-22)可得

$$\theta_A = \frac{\theta_1 + \theta_4}{2} \tag{3-23}$$

同理可以求得杆件 B、C、D 与 x 轴的夹角 θ_B、θ_C、θ_D 分别为

$$\theta_B = \frac{\theta_1 + \theta_2 + \pi}{2} \tag{3-24}$$

$$\theta_C = \frac{\theta_2 + \theta_3}{2} \tag{3-25}$$

$$\theta_D = \frac{\theta_3 + \theta_4 + \pi}{2} \tag{3-26}$$

由图 3-18 可以得到，机构的闭合方程可以表示为

$$\boldsymbol{r}_p = \boldsymbol{r}_B + \boldsymbol{r}_1 + \boldsymbol{r}_A + \boldsymbol{r}_4 = \boldsymbol{r}_2 + \boldsymbol{r}_C + \boldsymbol{r}_3 + \boldsymbol{r}_D \tag{3-27}$$

式(3-27)可以写为

$$\begin{cases} r\cos\theta_B + r_1\cos\theta_1 + r\cos\theta_A + r_4\cos\theta_4 = r_2\cos\theta_2 + r\cos\theta_C + r_3\cos\theta_3 + r\cos\theta_D \\ r\sin\theta_B + r_1\sin\theta_1 + r\sin\theta_A + r_4\sin\theta_4 = r_2\sin\theta_2 + r\sin\theta_C + r_3\sin\theta_3 + r\sin\theta_D \end{cases} \tag{3-28}$$

式中，r_1、r_2、r_3 和 r_4 分别为连杆 1、2、3、4 的长度；r 为滚动节点横截面的直径，也即杆件 A、B、C 和 D 的长度。

式(3-28)为机构的闭合方程，在机构运动的整个过程中，必须满足式(3-28)。将式(3-23)～式(3-26)代入式(3-28)中，可以得到有关 θ_1、θ_2、θ_3 和 θ_4 的两个非线性方程。一般情况下，支座向量是已知的并且在运动过程中是恒定的，本章中假定 r_2 和 θ_2 分别为支座向量及其与 x 轴的夹角。如果连杆 1 是平面四连杆机构的驱动杆件，即 θ_1 已知，则可以利用这两个非线性方程求得 θ_3 和 θ_4。

3.3.2　具有相等连杆长度的平面四连杆机构

本节通过 MATLAB 中 fsolve 函数求解式(3-23)～式(3-26)，代入式(3-28)后得到两个非线性方程，其中 θ_1 和 θ_2 是已知的，求解 θ_3 和 θ_4。

图 3-19 所示为平面四连杆机构连杆长度相等的情况，其中假定滚动节点横截

面的直径 r 和连杆长度的比值为 0.1。图中结果为 $\theta_2=0°$时，θ_3 和 θ_4 随着 θ_1 的变化情况。从图中可以看出，θ_3 随着 θ_1 的增加而线性增加，θ_4 始终保持不变。需要指出的是，该结果和传统销接节点连接的平面四连杆机构的计算结果一致。所以可以得出结论：当平面四连杆机构中所有连杆长度相等时，滚动节点对其运动特性没有影响。

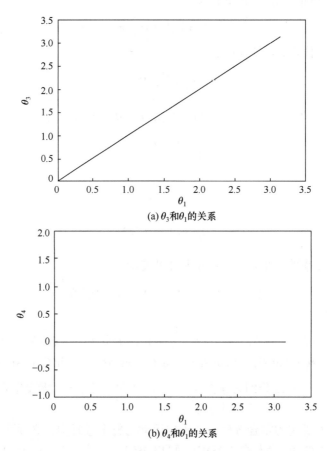

(a) θ_3和θ_1的关系

(b) θ_4和θ_1的关系

图 3-19　具有相等连杆长度的平面四连杆机构的计算结果

3.3.3　具有不等连杆长度的平面四连杆机构

本节给出平面四连杆机构连杆长度不相等时的计算结果。图 3-20 给出了平面四连杆机构的连杆长度分别为 $r_1=0.5$、$r_2=1.0$、$r_3=1.5$ 和 $r_4=2.0$ 时，θ_3 和 θ_4 随着 θ_1 的变化情况。滚动节点横截面的直径 r 分别为 0.05、0.1 和 0.2。同时，也在图中给出了使用传统铰接节点连接的平面四连杆机构的计算结果($r=0$)。从图中可以看出，对于不同的节点尺寸，θ_3 和 θ_4 随着 θ_1 的变化趋势是相同的。但滚动节点和销接节点连接的平面四连杆机构的计算结果的差异随着滚动节点横截面的直径 r 的增大越来越显著。但在本节设定的几何尺寸下，其差异都不是很大。

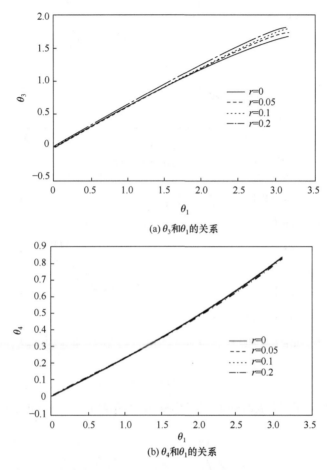

(a) θ_3 和 θ_1 的关系

(b) θ_4 和 θ_1 的关系

图 3-20　具有不等连杆长度的平面四连杆机构的计算结果(r_1=0.5、r_2=1.0、r_3=1.5 和 r_4=2.0)

　　图 3-21 给出了平面四连杆机构的连杆长度分别为 r_1=1.0、r_2=1.0、r_3=2.5 和 r_4=2.0 时，θ_3 和 θ_4 随 θ_1 的变化情况。如图 3-22 所示，在构型 a 的情况下，不同滚动节点横截面的直径 r 对应的 θ_3 和 θ_4 的差异性很大。另外，在构型 a 时，滚动节点连接的平面四连杆机构的 θ_3 比销接节点连接的平面四连杆机构的 θ_3 大，但在构型 d 时，二者的差距不大。

　　另外，滚动节点横截面的直径 r 不同时，θ_3 和 θ_4 的最小值也各不相同。所以当平面四连杆机构输入角的范围相等时，其输出角的范围随着滚动节点横截面的直径 r 的变化而变化。从图 3-21(a)可以看出，θ_3 的输出范围随着 r 的增大而增大。

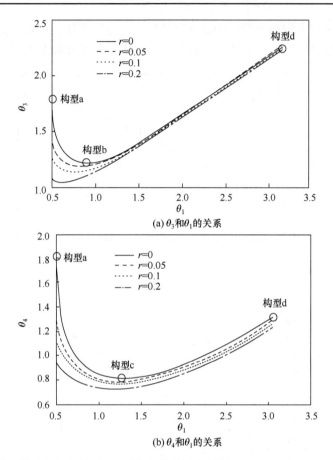

(a) θ_3和θ_1的关系

(b) θ_4和θ_1的关系

图 3-21　具有不等连杆长度的平面四连杆机构的计算结果(r_1=1.0、r_2=1.0、r_3=2.5 和 r_4=2.0)

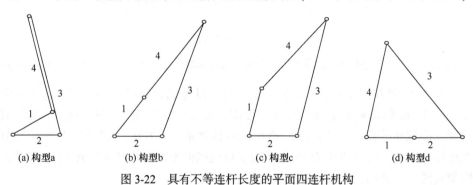

(a) 构型a　　　　(b) 构型b　　　　(c) 构型c　　　　(d) 构型d

图 3-22　具有不等连杆长度的平面四连杆机构

3.4　本　章　小　结

本章基于常用的平面四连杆机构提出一种折叠板开合体系，并给出板壳之间连接节点的设计方案。在此基础上对滚动节点连接四连杆机构的运动学进行研究。通过本章分析可以得到如下结论：

(1) 滚动节点连接的四连杆机构避免了销接节点连接时出现的拓扑干涉问题。利用大型商用软件 Pro/Engineering 模拟滚动节点及其连接的平面四连杆机构的运动过程，从而验证了理论分析的正确性。

(2) 修正后的 Kutzbach-Grubler 方程可以用于计算滚动节点连接机构的自由度。

(3) 假如滚动节点连接的平面四连杆机构的连杆长度相等，则其运动特性和销接平面四连杆机构的运动特性相同，而且不受滚动节点尺寸的影响。

(4) 滚动节点连接的平面四连杆机构的连杆长度不相等时，其与销接平面四连杆机构计算结果的差异随着滚动节点横截面的直径的增大而越来越显著。当平面四连杆机构的输入角范围相等时，其输出角的范围也随着滚动节点横截面的直径的变化而变化。

参 考 文 献

[1] 梁子彪. 开合屋盖结构开合过程的研究分析[D]. 天津: 天津大学, 2003.

[2] 豁国锋. 开合屋盖结构设计方法与风压分布的数值模拟研究[D]. 杭州: 浙江大学, 2007.

[3] 姜英波. 开合屋盖结构设计和施工监测技术分析[D]. 上海: 同济大学, 2007.

[4] 张凤文, 刘锡良. 开合屋盖结构开合机理研究[C]//第九届空间结构学术会议论文集, 萧山, 2000: 499-506.

[5] 薛素铎. 几种新型空间结构体系的发展[C]//第四届全国现代结构工程学术研讨会, 宁波, 2004: 159-181.

[6] 全勇. 巨型网格开合屋盖的研究[D]. 长沙: 湖南大学, 2008.

[7] Ishii K. Structural Design of Retractable Roof Structures[M]. Boston: WIT Press, 2000.

[8] Tonon O L. Geometry of spatial folded forms[J]. International Journal of Space Structures, 1991, 6(3): 227-240.

[9] Hernandez C H. Developing feasibility for foldable thin sheet coverings[C]//Proceedings of the IASS-APCS 2006 International Symposium New Olympics New Shell and Spatial Structures, Beijing, 2006.

[10] de Temmerman N, Mollaert M, van Mele T, et al. A concept for a foldable mobile shelter system[C]//Proceedings of the IASS-APCS International Symposium New Olympics New Shell and Spatial Structures, Beijing, 2006.

[11] Karni E, Pellegrino S. A retractable small-span roof based on thin-walled lightweight spatial units[J]. International Journal of Space Structures, 2007, 22(2): 93-106.

[12] Waldron K J, Kinzel G L. Kinematics, Dynamics, and Design of Machinery[M]. New York: John Wiley & Sons, 2004.

[13] Hunt K H. Kinematic Geometry of Mechanisms[M]. Oxford: Oxford University Press, 1978.

[14] Barker C R, Jeng Y. Range of the six fundamental position angles of a planar four-bar

mechanism[J]. Mechanism and Machine Theory, 1985, 20(4): 329-344.

[15] Hilberry B M, Hall A S. Rolling contact prosthetic knee joint[P]. US, 3945053, 1976-03-23.

[16] Wilkes D F. Roller-band devices[P]. US, 3452175, 1969-06-24.

[17] Wilkes D F. Roller-band devices[P]. US, 3572141, 1971-03-23.

[18] Maxwell J C. On the calculation of equilibrium and stiffness of frames[J]. Philosophical Magazine, 1864, 27: 294-299.

[19] Calladine C R. Buckminster Fuller's "Tensegrity" structures and Clerk Maxwell's rules for the construction of stiff frames[J]. International Journal of Solids and Structures, 1978, 14(2): 161-172.

[20] Pellegrino S, Calladine C R. Matrix analysis of statically and kinematically indeterminate frameworks[J]. International Journal of Solids and Structures, 1986, 22(4): 409-428.

[21] Pellegrino S. Structural computations with the singular value decomposition of the equilibrium matrix[J]. International Journal of Solids and Structures, 1993, 30(21): 3025-3035.

第4章　基于球面四连杆机构折叠板结构的几何与模型试验研究

如果将机构学的发展过程看作是由相对简单的平面机构到较为复杂的球面机构，再由球面机构发展到更为复杂的空间机构，则球面机构就是架在平面机构和空间机构之间的桥梁[1,2]。球面铰链四连杆机构是最基本和最常用的球面机构，典型的球面四连杆机构如图 4-1 所示。事实上真正的球面机构并不要求各个杆的形状为圆弧状，而只要求各杆都做球面运动，即当机构运动时，其构件上所有点在一个与固定点保持不变距离的球面上运动。

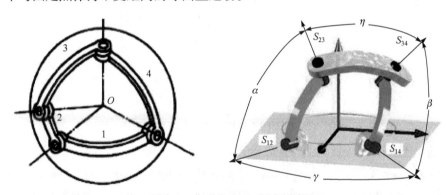

图 4-1　典型的球面四连杆机构

由于球面机构具有结构简单、工作空间大、不易发生干涉、运动学计算简单、易于控制等优点，故在宇航、医疗、电子、机械等领域具有广阔的应用前景，国内外学者对其进行了深入的研究[3~13]。本章将利用球面四连杆机构建立环向折叠展开的可开启屋盖体系，并制作相应的模型来验证理论的正确性。

4.1　理 论 基 础

4.1.1　闭合方程

图 4-2 所示为球面四连杆机构的几何参数示意图，图中给出了节点轴线间的夹角 α_N 以及节点轴线共法线之间的夹角 θ_N。如果假定球面四连杆机构相连面法线 n_N 和 n_{N-1} 之间的夹角为 β_N，则

$$\beta_N = \pi - \theta_N \tag{4-1}$$

对于球面四连杆机构，其系数 a_N 和 r_N 均为 0，可以得到其闭合方程为

$$I = A_1 A_2 A_3 A_4 \tag{4-2}$$

为了简化求解过程，式(4-2)可以写为

$$A_1 A_2 = A_3^{-1} A_4^{-1} \tag{4-3}$$

式中，矩阵 A^{-1} 为矩阵 A 的逆。

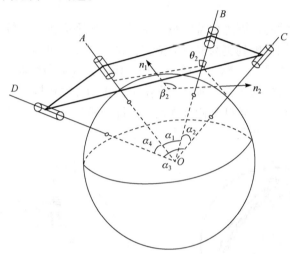

图 4-2　球面四连杆机构的几何参数示意图

将所有系数代入式(4-3)，可以得到

$$
\begin{bmatrix}
\cos\theta_1 & -\sin\theta_1\cos\alpha_1 & \sin\theta_1\sin\alpha_1 & 0 \\
\sin\theta_1 & \cos\theta_1\cos\alpha_1 & -\cos\theta_1\sin\alpha_1 & 0 \\
0 & \sin\alpha_1 & \cos\alpha_1 & 0 \\
0 & 0 & 0 & 1
\end{bmatrix}
\begin{bmatrix}
\cos\theta_2 & -\sin\theta_2\cos\alpha_2 & \sin\theta_2\sin\alpha_2 & 0 \\
\sin\theta_2 & \cos\theta_2\cos\alpha_2 & -\cos\theta_2\sin\alpha_2 & 0 \\
0 & \sin\alpha_2 & \cos\alpha_2 & 0 \\
0 & 0 & 0 & 1
\end{bmatrix}
$$

$$
=
\begin{bmatrix}
\cos\theta_3 & -\sin\theta_3 & 0 & 0 \\
-\sin\theta_3\cos\alpha_3 & \cos\theta_3\cos\alpha_3 & \sin\alpha_3 & 0 \\
\sin\theta_3\sin\alpha_3 & -\cos\theta_3\sin\alpha_3 & \cos\alpha_3 & 0 \\
0 & 0 & 0 & 1
\end{bmatrix}
\begin{bmatrix}
\cos\theta_4 & -\sin\theta_4 & 0 & 0 \\
-\sin\theta_4\cos\alpha_4 & \cos\theta_4\cos\alpha_4 & \sin\alpha_4 & 0 \\
\sin\theta_4\sin\alpha_4 & -\cos\theta_4\sin\alpha_4 & \cos\alpha_4 & 0 \\
0 & 0 & 0 & 1
\end{bmatrix}
$$

$$\tag{4-4}$$

将式(4-4)中矩阵相乘，合并同类项可以得到球面四连杆机构的闭合方程为

$$
\begin{aligned}
& \sin\theta_1\sin\theta_2\sin\alpha_2\sin\alpha_4 - \cos\theta_1\cos\theta_2\cos\alpha_1\sin\alpha_2\sin\alpha_4 \\
& + \cos\theta_1\sin\alpha_1\cos\alpha_2\sin\alpha_4 + \cos\theta_1\sin\alpha_1\sin\alpha_2\cos\alpha_4 \\
& + \cos\alpha_1\cos\alpha_2\sin\alpha_4 - \cos\alpha_3 = 0
\end{aligned}
\tag{4-5}
$$

4.1.2　几何分析

图 4-3 所示为球面四连杆机构组成的体系。图中所示为三个球面四连杆机构：
ABCD、*CEFG* 和 *FHIJ*。从图 4-3 中可以看出，相邻的四连杆机构共用一个柱铰，
所以共用的这个柱铰有 4 根杆件与其相连，为了减小体系的自由度，其中某个四
连杆机构的杆件需要和另外四连杆机构中与其相连杆件刚接。如图 4-3 中所示的
BC 杆件需要与 *CE* 杆件或者 *CG* 杆件刚接，而 *BC* 杆件和 *CG* 杆件的转动方向一
致，所以 *BC* 杆件和 *CG* 杆件刚接形成一个新的杆件。由球面四连杆机构形成的
折叠板壳结构如图 4-4 所示，其杆件均用面板代替，所以形成折叠板壳体系。
图 4-5 所示为折叠板壳结构的折纸模型。

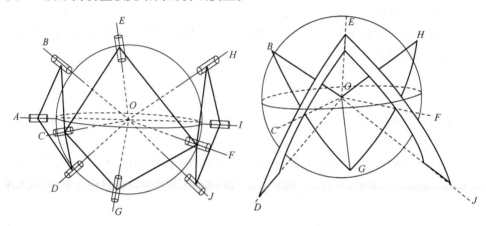

图 4-3　球面四连杆机构组成的体系示意图　　　图 4-4　折叠板壳结构示意图

图 4-5　折叠板壳结构的折纸模型

假定折叠板壳体系中四块板的顶角相等，即球面四连杆机构中柱铰轴线之间
的夹角相等，令

$$\alpha_1 = \alpha_2 = \alpha_3 = \alpha_4 = \alpha \tag{4-6}$$

则板壳之间夹角的关系为

$$\begin{cases} \theta_1 = \theta_3 \\ \theta_2 = \theta_4 \end{cases} \tag{4-7}$$

将式(4-6)和式(4-7)代入式(4-5)可得

$$\sin^2 \alpha \cos \alpha \left(1 - \cos \theta_2\right) \cos \theta_1 + \sin \theta_1 \sin \theta_2 \sin^2 \alpha$$
$$+ \left(\cos \alpha + \sin \alpha \cos \theta_1\right) \sin \alpha \cos \alpha - \cos \alpha = 0 \tag{4-8}$$

由式(4-8)可以得到各个板壳夹角之间的关系为

$$\tan \frac{\theta_2}{2} = \frac{\sin \theta_1}{\cos \alpha \left(1 - \cos \theta_1\right)} \tag{4-9}$$

如图 4-3 所示，体系的构成可以有两种方式：一种是点 $OACFI$ 在一个平面内，另一种是点 $ODGI$ 在一个平面内。

如果折叠板壳体系在完全展开状态时是一个闭合的圆，m 是球面四连杆机构的数量，可以得到

$$\alpha = \frac{\pi}{m} \tag{4-10}$$

对于第一种组合方式，OAC 面为水平面。Ω 为体系在运动过程中的水平投影夹角；而 ω 为单个球面四连杆机构水平投影夹角。

图 4-6 所示为单个球面四连杆机构水平投影夹角求解示意图。由图可以看出，$\triangle OAC$ 为等腰三角形，N 为 AC 的中点，所以 ON 垂直于 AC。在直角三角形 $\triangle OCN$ 中有

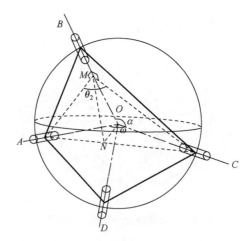

图 4-6　球面四连杆机构板壳夹角与其水平投影夹角的关系示意图

$$CN = OC \sin \frac{\omega}{2} \tag{4-11}$$

CM 垂直于 OB，在 $\triangle OCM$ 中有

$$CM = OC\sin\alpha \qquad\qquad (4\text{-}12)$$

在等腰三角形 $\triangle CMN$ 中，可以求得 CN 的长度为

$$CN = CM\sin\frac{\theta_2}{2} \qquad\qquad (4\text{-}13)$$

由式(4-11)～式(4-13)，可以得到球面四连杆机构板壳夹角 θ_2 与其水平投影夹角 ω 的关系为

$$\sin\frac{\omega}{2} = \sin\alpha\sin\frac{\theta_2}{2} \qquad\qquad (4\text{-}14)$$

图 4-7 和图 4-8 分别为单个球面四连杆机构和整个体系水平投影夹角与 θ_2 的关系。从图中可以看出，二者水平投影夹角 ω 和 Ω 均随 θ_2 的增加而减小。单个球面四连杆机构水平投影夹角 ω 随着整个体系中四连杆机构数量 m 的增加而减小，整个体系水平投影夹角 Ω 也受 m 的影响，但其作用较小。

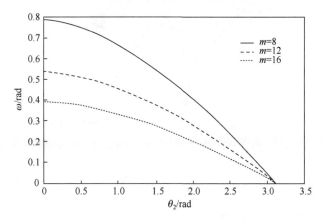

图 4-7 ω 和 θ_2 的关系曲线

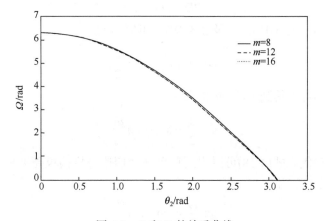

图 4-8 Ω 和 θ_2 的关系曲线

对于第二种组合方式，假定面 OQR 为水平面，ω 和 θ_2 的关系如图 4-9 所示。面 OAQ 穿过 OA 轴，并且垂直于面 AOC，OQ 是轴线 OA 在水平面的投影。所以单个球面四连杆机构在水平面的投影 ω 为 $\angle QOR$，$\angle AOC$ 定义为 ω_1。P 点是 AC 的中点，所以 OP 垂直于 AC，在直角三角形 $\triangle OAP$ 中有

$$AP = OA\sin\frac{\omega_1}{2} \tag{4-15}$$

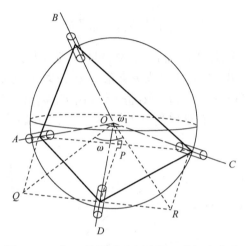

图 4-9 　ω 和 θ_2 的关系示意图(第二种组合方式)

在 $\triangle OQD$ 中可以求得

$$DQ = OD\tan\frac{\omega}{2} \tag{4-16}$$

以及在直角三角形 $\triangle OAD$ 中有

$$OD = OA\cos\alpha \tag{4-17}$$

由式(4-15)～式(4-17)，以及 $AP=DQ$，可以得到

$$\cos\alpha\tan\frac{\omega}{2} = \sin\frac{\omega_1}{2} \tag{4-18}$$

由式(4-14)可以得到 ω_1 和 θ_2 的关系

$$\sin\frac{\omega_1}{2} = \sin\alpha\sin\frac{\theta_2}{2} \tag{4-19}$$

将式(4-19)代入式(4-18)可以得到单个球面四连杆机构板壳夹角 θ_2 与其水平投影夹角 ω 的关系为

$$\tan\frac{\omega}{2} = \tan\alpha\sin\frac{\theta_2}{2} \tag{4-20}$$

由式(4-20)计算所得的单个球面四连杆机构水平投影夹角 ω 与 θ_2 的关系如图 4-10 所示。图 4-11 为整个体系水平投影夹角 Ω 与 θ_2 的关系曲线。和第一种组合方式相似，水平投影夹角 ω 和 Ω 均随着 θ_2 的增加而减小。单个球面四连杆机构水平投影夹角 ω 随着整个体系中四连杆机构数量 m 的增加而减小，而且 Ω 也受到了 m 的影响，但其作用较小。

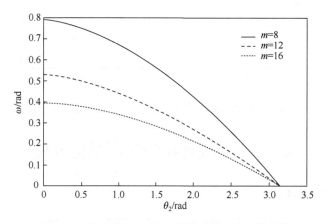

图 4-10　单个球面四连杆机构 ω 和 θ_2 的关系曲线

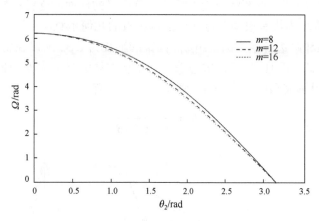

图 4-11　整个体系 Ω 和 θ_2 的关系曲线

为了对比两种组合方式所形成的体系随着 θ_2 变化其运动规律的差异，将图 4-7 和图 4-10 两幅图合并为一幅图，如图 4-12 所示。其中黑色线标示的是图 4-7 的结果，而灰色线标示的是图 4-10 的结果。从图中可以看出，两种组合方式对单个球面四连杆机构水平投影夹角有一定的影响。在机构运动过程中，第二种组合方式单个球面四连杆机构的水平投影夹角 ω 始终大于第一种组合方式的结果，但其作用随着整个体系中四连杆机构数量 m 的增加而减弱。

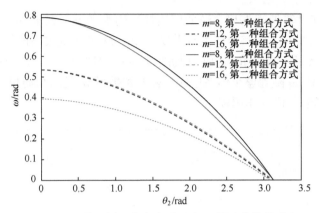

图 4-12 两种不同组合方式时 ω 和 θ_2 关系曲线的对比

4.2 滚动铰连接的球面机构分析

4.2.1 球面四连杆机构

和第 3 章讨论的由平面四连杆机构组成的开合屋盖一样，如果体系中使用柱铰会存在干涉等问题。本节将讨论由滚动节点连接的球面四连杆机构的几何构型。

图 4-13 所示为带有滚动节点的球面机构板的几何示意图。如图所示，该板由中间的四棱锥和两边各半个圆锥组成。圆锥的轴线为 OB，所以在俯视图中 BD 代表的是一个半圆，而且 BD 和 OB 垂直。如果板的最大厚度为 h，轴线 OA 的长度为 l，板水平投影夹角的一半为 α，则在 $\triangle OAB$ 中有

$$OB = \frac{l}{\cos \angle AOB} \tag{4-21}$$

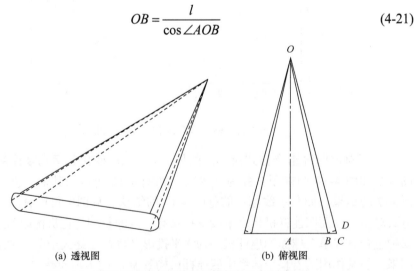

(a) 透视图   (b) 俯视图

图 4-13 带有滚动节点的球面机构板的几何示意图

而在直角三角形 $\triangle OBD$ 中可以得到

$$OB = \frac{BD}{\tan \angle BOC} = \frac{h}{2\tan \angle BOC} \tag{4-22}$$

由图 4-13(b) 可以看出：

$$\alpha = \angle AOB + \angle BOC \tag{4-23}$$

由此可以推导出圆锥水平投影角度的公式为

$$\frac{l}{\cos(\alpha - \angle BOC)} = \frac{h}{2\tan \angle BOC} \tag{4-24}$$

如果假定球面四连杆机构的初始构型为其中两块板的中平面共面，剩余两块板的中平面也共面，如图 4-14 所示。图中板 I 和板 II 的中平面构成面 π_1；板 III 和板 IV 的中平面构成面 π_3。板 I 和板 III 相交于线 OC，板 II 和板 IV 相交于线 OD，OC 和 OD 形成了面 π_2。而这三个面相交于 OA。从图中可以看出，四块板之间并非完全闭合，板和板之间还存在间隙。如果板的几何尺寸已知，则可以求得面 π_1 和面 π_2 之间的夹角，记为 γ。

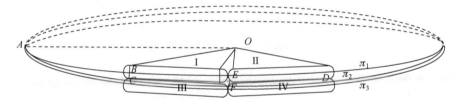

图 4-14　滚动节点连接球面四连杆机构的初始构型

由球面三角形的几何知识[14]可以得到在球面三角形 $\triangle ABC$ 中有

$$\cos \angle BOC = \cos \angle AOB \cos \angle AOC + \sin \angle AOB \sin \angle AOC \cos \gamma \tag{4-25}$$

如图 4-14 所示，OF 为 OE 在面 π_2 上的投影，所以面 OEF 和面 π_2 垂直，而面 OBC 也和面 π_2 垂直，所以可以求得 $\angle COF$ 为

$$\cos \angle COF = \frac{-\sin \angle AOB \sin \angle EOF + \cos \angle BOE}{\cos \angle BOC \cos \angle EOF} \tag{4-26}$$

由定义可知，$\angle EOF$ 为面 π_1 和面 π_2 之间的夹角，记为 γ，而 $\angle AOB$、$\angle BOC$ 和 $\angle BOE$ 为已知条件，且 $\angle AOC + \angle AOB = \pi/2$，所以由式(4-25)和式(4-26)可以求得两个面之间的夹角 γ。

图 4-15 所示为滚动铰连接球面四连杆机构运动过程中的三个几何状态，而其对应的柱铰连接球面四连杆机构的运动状态如图 4-16 所示。由图中可以看出，对于这两种连接方式的球面四连杆机构，在相同几何构型下，相邻板之间的夹角是相等的。

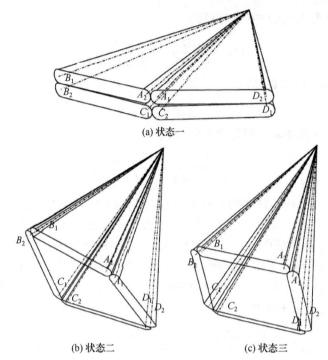

(a) 状态一

(b) 状态二   (c) 状态三

图 4-15 滚动铰连接球面四连杆机构的运动过程

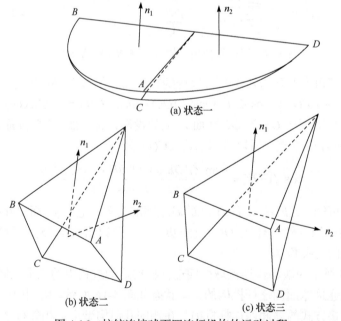

(a) 状态一

(b) 状态二   (c) 状态三

图 4-16 柱铰连接球面四连杆机构的运动过程

和滚动铰连接的平面连杆机构一样，球面连杆机构也可以用八连杆机构来表示，如图 4-17 所示，和普通球面八连杆机构不同的是，该机构还有四个运动约束，即代表滚动节点的杆件和相邻杆件之间夹角的变化值是相等的。

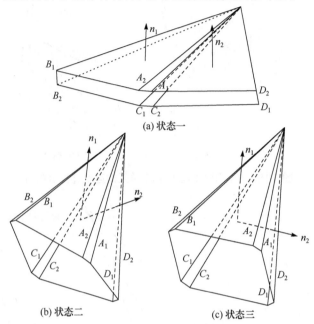

(a) 状态一

(b) 状态二　　　　　　　　　(c) 状态三

图 4-17　滚动铰连接球面八连杆机构分析示意图

4.2.2　开合屋盖体系

由图 4-4 可以看出，开合屋盖体系中 OC 轴和 OF 轴可以使用柱铰，而 OE 轴和 OG 轴应使用滚动铰。所以折叠板壳体系中球面四连杆机构的节点形式应该是两个柱铰和两个滚动铰。图 4-18 给出了开合屋盖体系中基本单元在闭合状态[图 4-18(a)]、半开启状态[图 4-18(b)]和开启状态[图 4-18(c)]的示意图。开合屋盖体系中基本单元的机构分析示意图以及与其相对应的柱铰连接球面四连杆机构示意图如图 4-19 和图 4-20 所示。

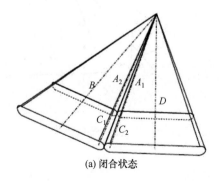

(a) 闭合状态

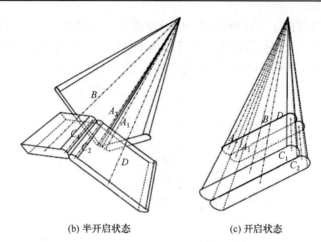

(b) 半开启状态　　　　　　　(c) 开启状态

图 4-18　开合屋盖体系中基本单元的运动过程示意图

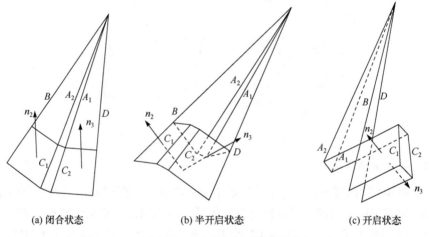

(a) 闭合状态　　　　　(b) 半开启状态　　　　　(c) 开启状态

图 4-19　开合屋盖体系中基本单元的机构分析示意图

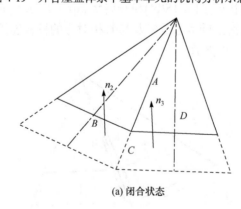

(a) 闭合状态

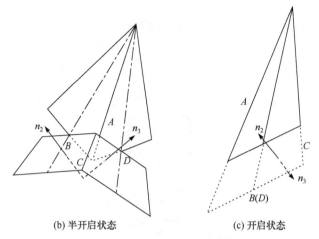

(b) 半开启状态　　　　　　(c) 开启状态

图 4-20　开合屋盖体系中基本单元相对应的柱铰连接球面四连杆机构示意图

4.3　模型制作

4.3.1　不考虑连接方式的模型制作

为了验证 4.1 节和 4.2 节所提出体系的正确性和可行性，本节将进行模型制作。本章所提出的开合屋盖体系所采用的展开方式为环向展开方式，如图 4-4 和图 4-5 所示，所有球面四连杆机构均交于中央节点，所以中央节点 O 的设计至关重要。

图 4-21 为中央节点设计图。本节设计中央节点时，假定四连杆机构每块板对应的圆心角 α 为 15°。假定体系有 6 个球面四连杆机构，而图 4-21 所示节点伸出的每个板连接如图 4-4 所示的 OG 轴线，所以节点一共需要三个组件。

图 4-22 为中央节点在体系完全展开和折叠时的示意图。如图所示，中央节点在完全折叠状态时，其相邻部件间的夹角为 34.56° 和 23.68°。又因为本章所提出的开合屋盖体系仅有一个自由度，故可以得出其完全折叠状态覆盖范围和完全展开状态覆盖范围的比率很高，约为 34.56°/60°=0.576，即体系的收缩率很低。因此可以将最内组件的半径增大，这样可以提高其收缩率，但带来的问题是中央节点的尺寸会增大。

图 4-23 为开合屋盖折纸模型的折叠过程示意图，从图中可以看出，其收缩率确实很低。

图 4-24 所示为改进后中央节点完全展开和折叠时的示意图。从图中可以看出，其折叠状态覆盖范围和展开状态覆盖范围的比率有很大的降低，约为 8.58°/60°=0.143。

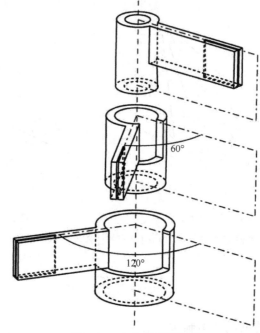

图 4-21　中央节点设计图

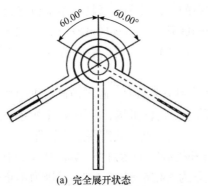

(a) 完全展开状态

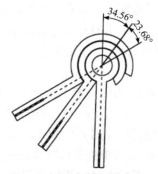

(b) 完全折叠状态

图 4-22　中央节点运动过程俯视图

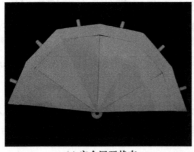

(a) 完全展开状态

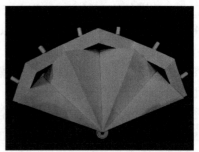

(b) 展开状态一

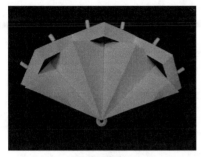

(c) 展开状态二

(d) 完全折叠状态

图 4-23 开合屋盖折纸模型的折叠过程示意图

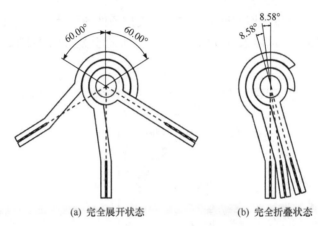

(a) 完全展开状态

(b) 完全折叠状态

图 4-24 改进后中央节点运动过程俯视图

4.3.2 滚动节点连接的模型制作

为了验证滚动节点在开合屋盖结构中应用的可行性，本节设计并制作了如图 4-25 所示的基本单元，其步骤为首先在 Pro/Engineering 中设计各块板，然后输入到三维成形机器中，利用三维成形技术制作所设计的塑料板。单个基本单元的运动过程如图 4-25 所示。

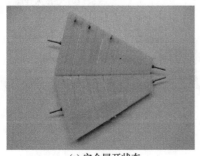

(a) 完全展开状态

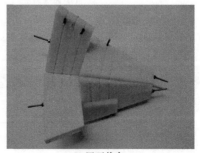

(b) 展开状态一

(c) 展开状态二

(d) 完全折叠状态

图 4-25 滚动节点连接基本单元运动过程示意图

图 4-26 为折叠屋盖模型整个环向展开支撑条件的设计图。图 4-27 为制作完成的开合屋盖体系，该体系从开启状态至闭合状态分别如图 4-27(a)~(d)所示。

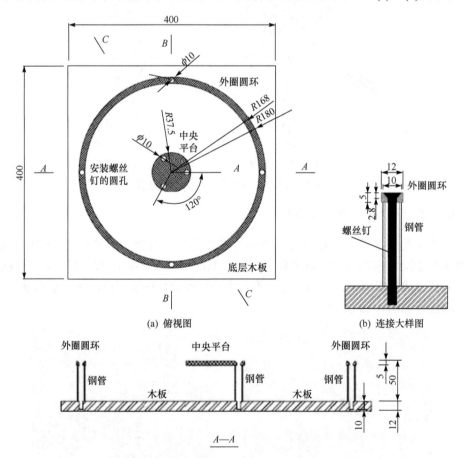

(a) 俯视图

(b) 连接大样图

A—A

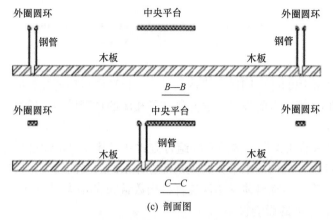

(c) 剖面图

图 4-26 开合屋盖模型支座设计图(单位:mm)

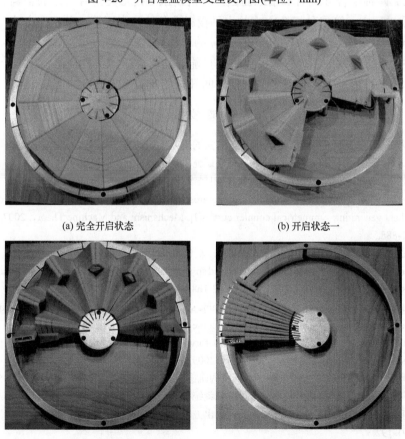

(a) 完全开启状态

(b) 开启状态一

(c) 开启状态二

(d) 完全闭合状态

图 4-27 开启屋盖体系环向折叠示意图

4.4　本 章 小 结

本章基于常用的球面四连杆机构设计了一种环向运动的开启屋盖体系，给出了该体系及其连接节点的设计方法并制作了相应的物理模型。通过本章分析可以得到如下结论：

（1）给出球面四连杆机构的两种组合方式并对其几何特性进行分析。两种组合方式下，四连杆机构的水平投影夹角随着体系的展开而增大，而单个球面连杆机构的水平投影夹角随着体系中四连杆机构数量 m 的增大而减小，但整个体系的水平投影夹角受 m 的影响较小。

（2）两种组合方式对单个球面四连杆机构水平投影夹角有一定的影响。在机构运动过程中，第二种组合方式的水平投影夹角始终大于第一种组合方式，但其作用随着整个体系中四连杆机构数量 m 的增加而减弱。

（3）折纸模型中，改进后的中央节点能够显著提高体系的收缩率。

（4）通过物理模型验证了本章提出的开合屋盖体系是可行的。

参 考 文 献

[1] 王淑芬. 机构运动综合的自适应理论与方法的研究[D]. 大连: 大连理工大学, 2005.

[2] 李天箭. 球面机构相伴方法与运动几何学研究[D]. 大连: 大连理工大学, 2000.

[3] 刘艳芳, 杨随先. 球面机构研究动向[J]. 机械设计与研究, 2010, 26(1): 34-35.

[4] Hwang W M, Chen K H. Triangular nomograms for symmetrical spherical non-grashof double-rockers generating symmetrical coupler curves[J]. Mechanism and Machine Theory, 2007, 42(7): 871-888.

[5] Makhsudyan N, Djavakhyan R, Arakelian V. Comparative analysis and synthesis of six-bar mechanisms formed by two serially connected spherical and planar four-bar linkages[J]. Mechanics Research Communications, 2009, 36(2): 162-168.

[6] Lee W T, Russell K, Shen Q, et al. On adjustable spherical four-barmotion generation for expanded prescribed positions[J]. Mechanism and Machine Theory, 2009, 44(1): 247-254.

[7] Bai S P, Hansen M R, Angeles J. A robust forward-displacement analysis of spherical parallel robots[J]. Mechanism and Machine Theory, 2009, 44(12): 2204-2216.

[8] 张均富, 徐礼钜, 王杰. 可调球面六杆机构轨迹综合[J]. 机械工程学报, 2007, 43(11): 50-55.

[9] 王涛. 基于球面机构的太阳跟踪装置控制系统的研究[D]. 天津: 河北工业大学, 2005.

[10] 何士龙, 王世恩. 球面 4R 机构的输入输出方程研究[J]. 科技情报开发与经济, 2011, 21(2): 191-192.

[11] 张立杰, 牛跃伟, 李永泉, 等. 基于工作空间的球面 5R 并联机器人机构设计[J]. 机械工程学报, 2007, 43(2): 55-59.

[12] Yang S X, Yang H, Gui Y T. Optimal selection of precision points for function synthesis of

spherical 4R linkage[J]. Proceedings of Institute of Mechanical Engineering, Part C: Journal of Mechanical Engineering Science, 2009, 223(9): 2184-2189.

[13] 孙建伟, 褚金奎. 用快速傅里叶变换进行球面四杆机构连杆轨迹综合[J]. 机械工程学报, 2008, 44(7): 32-37.

[14] Clough-Smith J H. An Introduction to Spherical Trigonometry[M]. Glasgow: Brown, Son & Ferguson, 1978.

第5章　基于 Miura 折纸模型的径向 展开结构研究

为外太空航行提供能源所需的太阳能帆板在使用时需要尽可能大的展开面积，而这些太阳能帆板在发射前又必须能被折叠到尽可能小的状态，才能装进狭小的飞船船舱，并且这一折叠和展开过程都必须尽可能简单，才能在无人环境中顺利完成。针对这一难题，Miura 教授发明了一种折纸方法，如图 5-1 所示，为该难题提供了完美的解决方案，该方法被称为 Miura 折纸或三浦折叠法，被广泛应用于各种领域[1,2]。

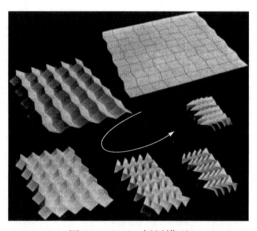

图 5-1　Miura 折纸模型

Miura 折纸模型是由一系列平行四边形单元按照一定规则排列而成的，各单元连接处所形成的褶皱线组成水平折线和竖向折线，在模型完全展开状态下水平折线为直线段，竖向折线呈锯齿状；在模型折叠过程中折线可分为峰线和谷线，分别代表凸起和凹下的褶皱线。Miura 折纸模型须满足图 5-2 所示峰线和谷线的分布，图中峰线与谷线在完全展开状态下的夹角不能为直角，否则该模型不能通过张拉对角而一次性展开[3]。

根据图 5-2 中峰线和谷线的排列规律制作 Miura 折纸模型，其折叠到展开过程如图 5-3 所示，从图中可以看出，在模型展开过程中基本单元之间始终保持相互平行状态。图 5-3(a)为完全折叠状态，而图 5-3(d)为完全展开状态。

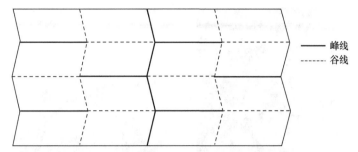

图 5-2　Miura 折纸模型峰线和谷线分布图

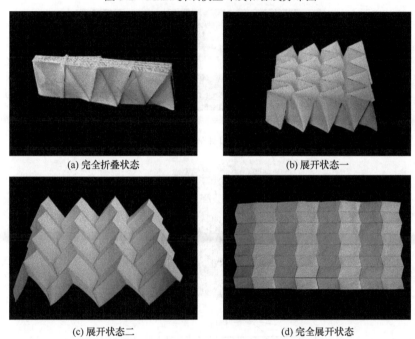

图 5-3　Miura 折纸模型展开过程示意图

5.1　Miura 折纸模型的仿生学意义

图 5-4 为树叶的生长过程示意图，从图中可以看出，树叶的生长过程和 Miura 折纸模型的展开过程十分相似[4~6]。一个简单的树叶包含相互交替的峰线和谷线，并且在中脉处交汇，其夹角为 α。这种折叠形式在角树叶中尤其显著，图 5-5 为典型的角树叶及其折痕示意图。

最初，人们通过 Miura 折纸模型认识了树叶单元。Miura 折纸模型非常有趣，因为它可以沿着两个相互垂直的方向同时展开。本章通过将 Miura 折纸单元的组合形成径向可以折叠和展开的体系。

(a) 完全折叠状态　　　　　　　　　　(b) 展开状态一

(c) 展开状态二　　　　　　　　　　(d) 完全展开状态

图 5-4　树叶的生长过程

静脉

中脉

——峰线
---- 谷线

α

图 5-5　典型的角树叶及其折痕示意图

5.2　平面径向展开体系

5.2.1　向内组合体系

本节将利用 Miura 折纸模型形成径向展开的折叠板壳结构。如图 5-6 所示，

如果将平面分成 n 等份，则每等份的夹角为 2β，可表示为

$$2\beta = \frac{2\pi}{n} \tag{5-1}$$

图 5-6 中每个区域可以用 Miura 折纸模型填充，共有两种填充模式：第一种是将叶尖处朝内，这就好像所有叶片的叶尖都指向内部，这种组合称为向内组合体系；第二种是将叶尾朝内，这样组合而成的结构称为向外组合体系。

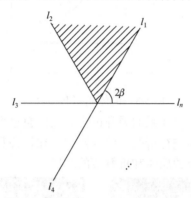

图 5-6　区域划分示意图

图 5-7 为向内组合体系叶片单元示意图。如图所示，用夹角为 2β 的两条轴线对称地裁剪如图 5-5 所示的 Miura 折纸模型，然后将该单元填充至图 5-6 所示的区域内，即可得到如图 5-8 所示的正交向内组合体系。图 5-8 所示体系的几何参数为 $n=4$，$s=3$。其中，s 为沿着轴线 l_i 的单元数。

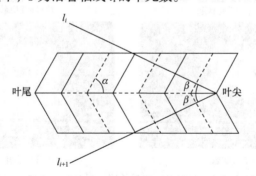

图 5-7　向内组合体系叶片单元示意图

如果 Miura 折纸模型折痕之间的夹角满足如下关系：

$$\alpha = \frac{\pi}{2} - \frac{\pi}{n} \tag{5-2}$$

则如图 5-8 所示，叶片的静脉折痕和轴线 l_i 相互垂直，这样的体系称为正交向内组合体系。

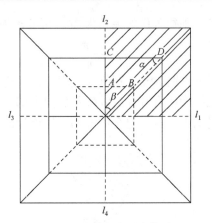

图 5-8　正交向内组合体系

图 5-9 为正交向内组合体系的展开过程。在折叠过程中，正交向内组合体系同样沿着两个垂直的方向进行折叠。研究发现，在折叠和展开过程中该体系存在一些应变，具体表现为纸的屈曲和折叠线的磨损。

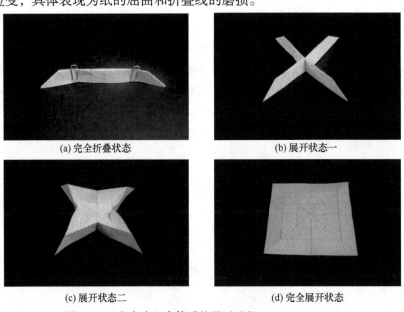

(a) 完全折叠状态　　　　　　　　　　　(b) 展开状态一

(c) 展开状态二　　　　　　　　　　　(d) 完全展开状态

图 5-9　正交向内组合体系的展开过程($n=4$, $s=3$, $\alpha=45°$)

如果 Miura 折纸模型的折痕之间的夹角 α 不能满足式(5-2)，则会出现下面两种情况：

$$\begin{cases} \alpha > \dfrac{\pi}{2} - \dfrac{\pi}{n}, & \text{体系不能折叠} \\[2mm] \alpha < \dfrac{\pi}{2} - \dfrac{\pi}{n}, & \text{体系可以折叠} \end{cases}$$
　　　　(5-3)

当体系可以折叠时，将夹角 α 定义为

$$\alpha = r\left(\frac{\pi}{2} - \frac{\pi}{n}\right), \quad 0 \leqslant r < 1 \tag{5-4}$$

当夹角满足式(5-4)时，如图 5-10 所示，叶片的静脉折痕和轴线 l_i 成一定角度，该体系称为斜交向内组合体系。

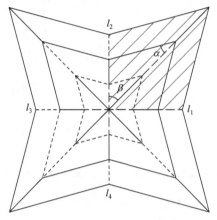

图 5-10　斜交向内组合体系

图 5-11 为斜交向内组合体系的展开过程。折纸模型表明，在相同条件下，斜交向内组合体系的展开过程比正交向内组合体系更加顺滑流畅。这两种体系的主要区别在于斜交向内组合体系不能完全折叠，如图 5-11 所示。

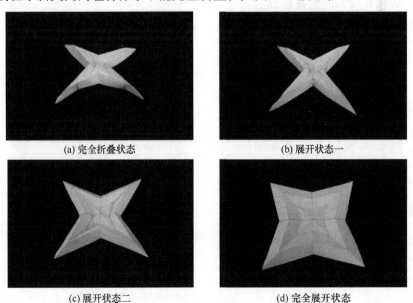

(a) 完全折叠状态　　　　　　　　　　(b) 展开状态一

(c) 展开状态二　　　　　　　　　　(d) 完全展开状态

图 5-11　斜交向内组合体系的展开过程(n=4, s=3, α=30°)

5.2.2　向外组合体系

与向内组合体系相反，向外组合体系是将每个叶片单元的叶尾朝内，然后插入如图 5-6 所示的区域内，即可得到如图 5-12 所示的径向可展的向外组合体系。图 5-12 所示体系的几何参数为 $n=4$，$s=3$。

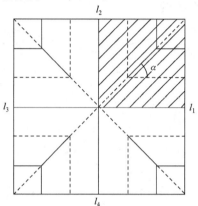

图 5-12　径向可展的向外组合体系

向外组合体系 α 和 n 的关系如下：

$$\alpha = \frac{\pi}{n} \tag{5-5}$$

向外组合体系的展开过程如图 5-13 所示，为了减少可展结构完全折叠状态的尺寸，必须有较大的重叠部分。

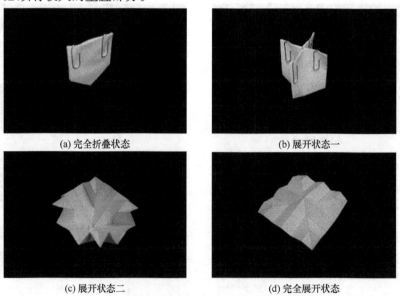

(a) 完全折叠状态　　(b) 展开状态一

(c) 展开状态二　　(d) 完全展开状态

图 5-13　向外组合体系的展开过程($n=4$, $s=3$, $\alpha=45°$)

5.3 空间径向展开体系

5.3.1 几何分析

对于如图 5-6 所示的体系，如果不能满足式(5-1)的要求，其夹角 2β 为

$$2\beta < \frac{2\pi}{n} \tag{5-6}$$

则相当于在图 5-8、图 5-10 和图 5-12 的基本单元的边缘移除一些材料，如图 5-14 所示。

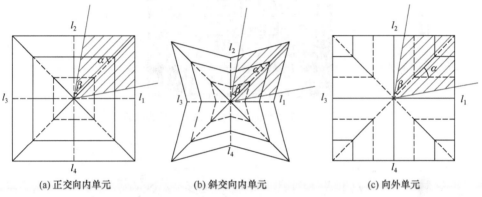

(a) 正交向内单元   (b) 斜交向内单元   (c) 向外单元

图 5-14   三维体系的基本单元示意图

此时，n 个单元组合而成的体系的中间角不等于 2π，而是小于 2π，所以其组成的体系为三维空间结构，完全展开时为金字塔形状。

5.3.2 几何设计

1. 三维正交向内组合体系

图 5-15 为正交向内单元组合而成的三维径向可展体系，图 5-16 为其计算简图。如果已知体系的几何尺寸 $OA=AB=l$，角度 α 和 β，以及体系参数 s 和 n，求三维正交向内组合体系底面正多边形的外接圆半径 R、矢高 H 及金字塔各个面的倾斜角 θ。

如图 5-16(a)所示，在直角三角形 $\triangle OAD$ 中有

$$\begin{cases} OD = \dfrac{OA}{\cos\beta} = \dfrac{l}{\cos\beta} \\ AD = OA\tan\beta = l\tan\beta \end{cases} \tag{5-7}$$

则可以得到金字塔斜边 OF 的长度以及底边长度的一半 FC 为

$$\begin{cases} OF = s \times OD = \dfrac{sl}{\cos \beta} \\ FC = s \times AD = sl \tan \beta \end{cases} \tag{5-8}$$

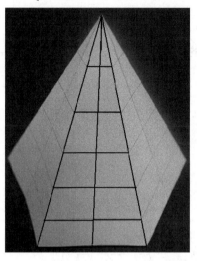

图 5-15　三维正交向内组合体系完全折叠状态

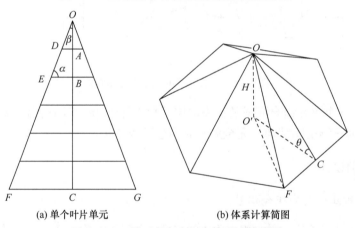

(a) 单个叶片单元　　　　　(b) 体系计算简图

图 5-16　三维正交向内组合体系计算简图

在直角三角形△$O'CF$ 中，其顶角∠$CO'F$ 为

$$\angle CO'F = \frac{\pi}{n} \tag{5-9}$$

则可以求得三维正交向内组合体系底面正多边形的外接圆半径 R 为

$$R = \frac{FC}{\sin \angle CO'F} = \frac{sl \tan \beta}{\sin \dfrac{\pi}{n}} \tag{5-10}$$

在直角三角形 $\triangle O'OF$ 中，可以求得体系的矢高 H 为

$$H = \sqrt{OF^2 - O'F^2} = \frac{sl}{\cos\beta}\sqrt{1 - \frac{\sin^2\beta}{\sin^2\frac{\pi}{n}}} \tag{5-11}$$

而在直角三角形 $\triangle O'OC$ 中，可以求得体系各个面的倾斜角 θ 的正弦值为

$$\sin\theta = \sin\angle OCO' = \frac{H}{OC} = \frac{1}{\cos\beta}\sqrt{1 - \frac{\sin^2\beta}{\sin^2\frac{\pi}{n}}} \tag{5-12}$$

当角度 $\beta=\pi/n$ 时，代入式(5-10)～式(5-12)得到平面正交向内组合体系的底面正多边形的外接圆半径 R、矢高 H 以及倾斜角 θ 分别为

$$\begin{cases} R = \dfrac{sl}{\cos\dfrac{\pi}{n}} \\ H = 0 \\ \theta = 0 \end{cases} \tag{5-13}$$

图 5-17 为三维正交向内组合体系底面正多边形的外接圆半径 R 与角度 β 的关系曲线，其纵坐标为底面正多边形的外接圆半径 R 与长度 l 之间的比值，而横坐标的范围为 $10°$ 至其最大值 $180°/n$。从图中可以看出，底面正多边形的外接圆半径 R 随着角度 β 的增加而增加。而且对于相同的角度 β，R 随着 n 的增加而增加。但随着 n 的增大，其外接圆半径 R 的变化范围在不断减小，即 R 的最大值(对应于平面体系)随着 n 的增大在不断减小，而最小值却在不断增大。

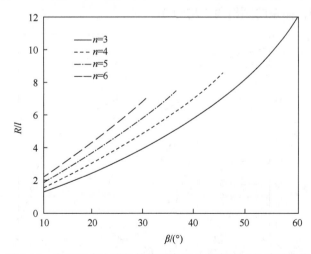

图 5-17　底面正多边形的外接圆半径 R 与角度 β 的关系曲线

　　三维正交向内组合体系矢高 H 与角度 β 的关系曲线如图 5-18 所示，其纵坐标为矢高 H 与长度 l 之间的比值，横坐标的范围为 $10°$ 至其最大值 $180°/n$。从图中可以看出，矢高 H 随着角度 β 的增加而减小，尤其是当角度 β 接近其最大值 $180°/n$ 时，体系的矢高 H 急剧下降。而且对于相同的角度 β，矢高 H 随着 n 的增加而减小。当体系的角度 β 达到其最大值 $180°/n$ 时(对应于平面体系)，体系的矢高 H 均为 0。

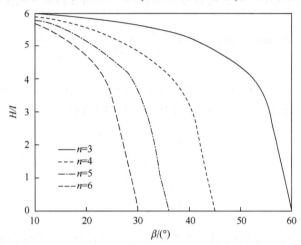

图 5-18　三维正交向内组合体系矢高 H 与角度 β 的关系曲线

　　图 5-19 为金字塔各个面的倾斜角 θ 与角度 β 的关系曲线，其横坐标的范围为 $10°$ 至其最大值 $180°/n$。从图中可以看出，倾斜角 θ 随着角度 β 的增加而减小。而且对于相同的角度 β，倾斜角 θ 随着 n 的增加而减小。从式(5-12)中可以发现，倾斜角 θ 与 s、l 无关，仅与 β 和 n 有关。当体系的角度 β 达到其最大值 $180°/n$ 时(对应于平面体系)，体系的倾斜角 θ 均为 0。

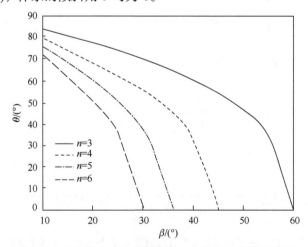

图 5-19　金字塔各个面的倾斜角 θ 与角度 β 的关系曲线

2. 三维斜交向内组合体系

图 5-20 为三维斜交向内单元组合而成的三维径向可展体系。图 5-21 为其计算简图。如果已知体系的几何尺寸 $OA=AB=l$，角度 α 和 β(由于是斜交体系，所以 $\alpha+\beta<\pi/2$)，以及体系参数 s 和 n，求体系底面正多边形的外接圆半径 R、矢高 H 以及金字塔各个面的倾斜角 θ。

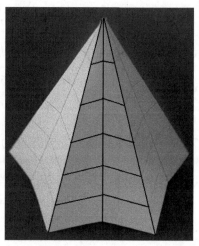

图 5-20　三维斜交向内组合体系完全折叠状态

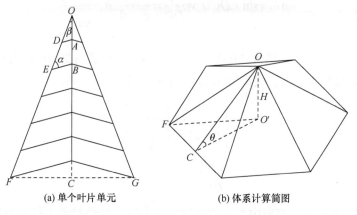

(a) 单个叶片单元　　　　　(b) 体系计算简图

图 5-21　三维斜交向内组合体系计算简图

如图 5-21(a)所示，在 △OAD 中有

$$\frac{OA}{\sin\angle ODA}=\frac{OD}{\sin\angle OAD} \tag{5-14}$$

由式(5-14)可以求得 OD 的长度为

$$OD = l \frac{\sin(\alpha + \beta)}{\sin \alpha} \tag{5-15}$$

则可以得到金字塔斜边 OF 的长度及底边长度的一半 FC 为

$$\begin{cases} OF = s \times OD = sl \dfrac{\sin(\alpha + \beta)}{\sin \alpha} \\ FC = OF \sin \beta = sl \dfrac{\sin(\alpha + \beta)\sin \beta}{\sin \alpha} \end{cases} \tag{5-16}$$

进而可以求得三维斜交向内组合体系底面正多边形的外接圆半径 R 为

$$R = \frac{FC}{\sin \angle CO'F} = sl \frac{\sin(\alpha + \beta)\sin \beta}{\sin \alpha \sin \dfrac{\pi}{n}} \tag{5-17}$$

在直角三角形 $\triangle O'OF$ 中，可以求得体系的矢高 H 为

$$H = \sqrt{OF^2 - O'F^2} = \frac{sl \sin(\alpha + \beta)}{\sin \alpha} \sqrt{1 - \frac{\sin^2 \beta}{\sin^2 \dfrac{\pi}{n}}} \tag{5-18}$$

而在直角三角形 $\triangle O'OC$ 中，可以求得体系各个面倾斜角 θ 的正弦值为

$$\sin \theta = \sin \angle OCO' = \frac{H}{OC} = \frac{1}{\cos \beta} \sqrt{1 - \frac{\sin^2 \beta}{\sin^2 \dfrac{\pi}{n}}} \tag{5-19}$$

当角度 $\beta = \pi/n$ 时，代入式(5-17)～式(5-19)得到平面斜交向内组合体系底面正多边形的外接圆半径 R、矢高 H 及倾斜角 θ 分别为

$$\begin{cases} R = \dfrac{sl \sin\left(\alpha + \dfrac{\pi}{n}\right)}{\sin \alpha} \\ H = 0 \\ \theta = 0 \end{cases} \tag{5-20}$$

图 5-22 为三维斜交向内组合体系底面正多边形的外接圆半径 R 与角度 β 的关系曲线，图中数据计算时角度 $\alpha = 20°$。图 5-22 的纵坐标为底面正多边形的外接圆半径 R 与长度 l 之间的比值，从图中可以看出，外接圆半径 R 随着角度 β 的增加而增加。而且对于相同的角度 β，R 随着 n 的增加而增加。但是，随着 n 的增大，底面正多边形的外接圆半径 R 的变化范围在不断减小，即 R 的最大值(对应于平面体系) 随着 n 的增大在不断减小，而最小值却在不断增大。通过与图 5-17 的对

比可知，三维斜交向内组合体系底面正多边形的外接圆半径大于三维正交向内组合体系底面正多边形的外接圆半径。

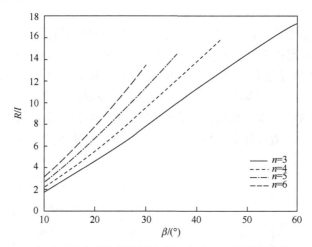

图 5-22　底面正多边形的外接圆半径 R 与角度 β 的关系曲线(α=20°)

　　三维斜交向内组合体系矢高 H 与角度 β 的关系曲线如图 5-23 所示，图中数据计算时角度 α=20°。图 5-23 的纵坐标为矢高 H 与长度 l 之间的比值，横坐标的范围为 10° 至其最大值 180°/n。从图中可以看出，随着角度 β 的增大，模型的矢高经历了先增大后减小至 0 两个阶段。第一阶段为矢高增大到最大值，在这一阶段其变化范围不大；第二阶段矢高从最大值不断减小，尤其是当角度 β 接近其最大值 180°/n 时，体系的矢高 H 急剧下降。当体系的角度 β 达到其最大值 180°/n 时(对应于平面体系)，体系的矢高 H 均为 0。而且对于相同的角度 β，矢高 H 随着 n 的增加而减小。

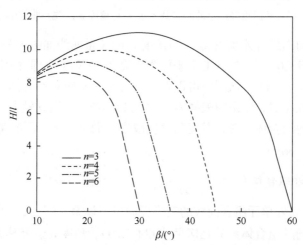

图 5-23　三维斜交向内组合体系矢高 H 与角度 β 的关系曲线(α=20°)

从式(5-19)中可以发现，倾斜角 θ 与 s、l 无关，仅与 β 和 n 有关。所以三维斜交向内组合体系的倾斜角 θ 与角度 β 的关系曲线与三维正交向内组合体系的关系曲线相同，如图 5-19 所示。

图 5-24 为三维斜交向内组合体系底面正多边形的外接圆半径 R 与角度 α 的关系曲线，图中数据计算时角度 $\beta=20°$。图 5-24 的纵坐标为外接圆半径 R 与长度 l 之间的比值，横坐标角度 α 的范围为 $10°$ 至其最大值 $45°$，这样满足条件 $\alpha+\beta<90°$。通过与图 5-17 的对比可知，三维斜交向内组合体系底面正多边形的外接圆半径大于三维正交向内组合体系底面正多边形的外接圆半径。而且从图 5-24 中可以看出，外接圆半径 R 随着角度 α 的增加而减小；对于相同的角度 α，R 随着 n 的增加而增加。

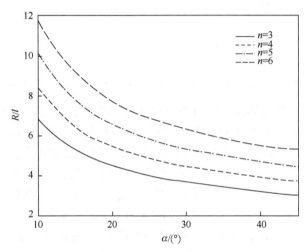

图 5-24　底面正多边形的外接圆半径 R 与角度 α 的关系曲线($\beta=20°$)

三维斜交向内组合体系矢高 H 与角度 α 的关系曲线如图 5-25 所示，图中数据计算时角度 $\beta=20°$。图 5-25 的纵坐标为矢高 H 与长度 l 之间的比值，横坐标角度 α 的范围为 $10°\sim45°$。从图中可以看出，矢高 H 随着角度 α 的增加而减小，尤其是当角度 α 较小时，体系的矢高 H 下降较为迅速；而当 α 较大时，即体系更接近三维正交向内组合体系时，其变化速度较慢。而且对于相同的角度 α，矢高 H 随着 n 的增加而减小。

3. 三维向外组合体系

图 5-26 为向外单元组合而成的三维径向可展体系，图 5-27 为其计算简图。如果已知三维向外组合体系的几何尺寸 $OA=AB=l$、角度 $\alpha=\beta$ 及体系参数 s 和 n，求体系底面正多边形的外接圆半径 R、矢高 H 及金字塔各个面的倾斜角 θ。

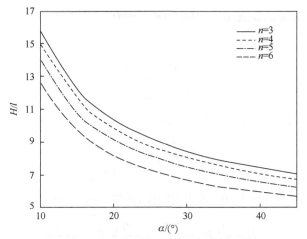

图 5-25　三维斜交向内组合体系矢高 H 与角度 α 的关系曲线(β=20°)

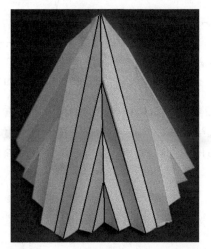

图 5-26　三维向外组合体系完全折叠状态

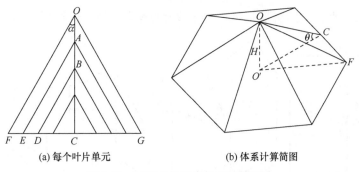

(a) 每个叶片单元　　　　　　　(b) 体系计算简图

图 5-27　三维向外组合体系计算简图

如图 5-27 所示，在直角三角形 $\triangle OCF$ 中有

$$\begin{cases} OC = sl \\ OF = \dfrac{sl}{\cos\alpha} \\ FC = sl\tan\alpha \end{cases} \tag{5-21}$$

则可以求得三维向外组合体系底面正多边形的外接圆半径 R 为

$$R = \frac{FC}{\sin\angle CO'F} = \frac{sl\tan\alpha}{\sin\dfrac{\pi}{n}} \tag{5-22}$$

在直角三角形 $\triangle O'OF$ 中，可以求得体系的矢高 H 为

$$H = \sqrt{OF^2 - O'F^2} = \frac{sl}{\cos\alpha}\sqrt{1 - \frac{\sin^2\alpha}{\sin^2\dfrac{\pi}{n}}} \tag{5-23}$$

而在直角三角形 $\triangle O'OC$ 中，可以求得体系各个面的倾斜角 θ 的正弦值为

$$\sin\theta = \sin\angle OCO' = \frac{H}{OC} = \frac{1}{\cos\alpha}\sqrt{1 - \frac{\sin^2\alpha}{\sin^2\dfrac{\pi}{n}}} \tag{5-24}$$

将式(5-22)～式(5-24)与式(5-10)～式(5-12)比较可以看出，三维向外组合体系底面正多边形的外接圆半径 R、矢高 H 及倾斜角 θ 与角度 β 的关系和三维正交向内组合体系底面正多边形的外接圆半径 R、矢高 H 及倾斜角 θ 与角度 α 的关系相同，在此不再赘述。

5.4　刚性可动性判断

5.4.1　平面正交向内组合体系

图 5-28 所示为四折痕折纸模型 $\gamma<90°$ 的运动过程，这种模型为 Miura 折纸

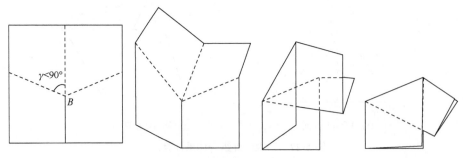

图 5-28　四折痕折纸模型运动过程($\gamma<90°$)

模型。而当其四折痕之间的夹角均为 90° 时，其折叠过程不能一次完成，需要首先沿着某根轴线折叠，然后沿着与其垂直的轴线折叠，如图 5-29 所示。

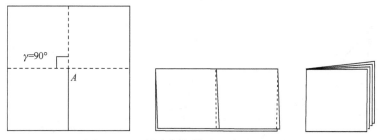

图 5-29　四折痕折纸模型运动过程(γ=90°)

而对于平面正交向内组合体系，如图 5-8 所示，A 点(γ=90°)的折叠过程分两个阶段，且有先后次序；B 点(γ<90°)的折叠过程光滑连续且一次性展开。因此，A 点和 B 点不能同时展开，如果用刚性板代替折纸，则平面正交向内组合体系将不能展开。所以平面正交向内组合体系是不相容的。

5.4.2　平面斜交向内组合体系

在 5.2.1 节的折纸模型的展开过程中已经得出体系在折叠和展开过程中存在应变的结论，本节将用数学知识来推导其应变。对于 s=1，叶片单元展开不存在应变，为了便于分析，仅考虑 s=2 时体系的不相容性。假定展开过程完全对称，因此只建立半片叶子模型，计算模型如图 5-30 所示，已知体系的几何尺寸 OA=AC=l，以及角度 α 和 β。

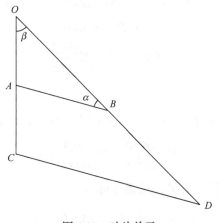

图 5-30　叶片单元

单元折叠过程的计算模型如图 5-31 所示。计算中的基本假定为：①面 OAB、ABCD 为刚性板，且连接方式为销接；②在折叠过程中，C 点和 D 点与原点 O 保持在同一水平面；③原点 O 固定，点 C 沿路径 OC 运动，点 D 沿路径 OD 运动，φ 为 OA' 和 OC' 之间的夹角($0° \leqslant \varphi \leqslant 90°$)。

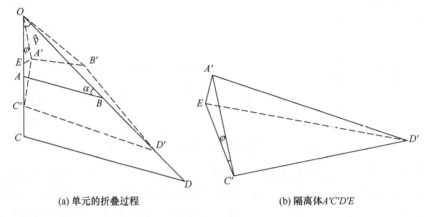

(a) 单元的折叠过程　　　　　　　　　　(b) 隔离体 $A'C'D'E$

图 5-31　单元折叠过程的计算模型

如图 5-31 所示，A' 点运动过程中在水平面上的投影为 E 点，从而可以得到 $A'E \perp OC'$。在 $\triangle OA'C'$ 中，由于 $OA'=A'C'=l$，所以 $\triangle OA'C'$ 为等腰三角形，可以得到

$$\begin{cases} OE = EC' = l\cos\varphi \\ OC' = 2l\cos\varphi \\ A'E = l\sin\varphi \end{cases} \tag{5-25}$$

取如图 5-31(b)所示的隔离体 $A'C'D'E$，在 $\triangle A'C'D'$ 中有

$$\begin{cases} \angle A'C'D' = \pi - \alpha - \beta \\ C'D' = CD = 2l\dfrac{\sin\beta}{\sin\alpha} \end{cases} \tag{5-26}$$

从而可以求得 $A'D'$ 为

$$\begin{aligned} A'D'^2 &= A'C'^2 + C'D'^2 - 2A'C' \cdot C'D' \cos(\pi - \alpha - \beta) \\ &= l^2 + 4l^2\frac{\sin^2\beta}{\sin^2\alpha} - 4l^2\frac{\sin\beta}{\sin\alpha}\cos(\pi - \alpha - \beta) \end{aligned} \tag{5-27}$$

在 $\triangle A'D'E$ 中有 $A'E \perp ED'$，从而可得

$$ED'^2 = A'D'^2 - A'E^2 = l^2 + 4l^2\frac{\sin^2\beta}{\sin^2\alpha} - 4l^2\frac{\sin\beta}{\sin\alpha}\cos(\pi - \alpha - \beta) - l^2\sin^2\varphi \tag{5-28}$$

而在 $\triangle C'D'E$ 中，有

$$\cos\angle OC'D' = \frac{EC'^2 + C'D'^2 - ED'^2}{2EC\cdot C'D} = \frac{\cos(\pi-\alpha-\beta)}{\cos\varphi} \tag{5-29}$$

$$\angle OC'D' = \arccos\frac{\cos(\pi-\alpha-\beta)}{\cos\varphi} \tag{5-30}$$

$$\angle OD'C' = \pi - \beta - \arccos\frac{\cos(\pi-\alpha-\beta)}{\cos\varphi} \tag{5-31}$$

从而在 $\triangle C'D'O$ 中有

$$\frac{C'D'}{\sin\beta} = \frac{OC'}{\sin\angle OD'C'} \tag{5-32}$$

将式(5-25)和式(5-31)代入式(5-32)可得

$$C'D' = \frac{OC'\sin\beta}{\sin\angle OD'C'} = 2l\frac{\sin\beta\cdot\cos\varphi}{\sin\left[\beta + \arccos\dfrac{\cos(\pi-\alpha-\beta)}{\cos\varphi}\right]} \tag{5-33}$$

由式(5-33)可知，当 $\varphi=0°$ 时，

$$C'D' = CD = 2l\frac{\sin\beta}{\sin\alpha} \tag{5-34}$$

而当 $\varphi\neq0°$ 时，有

$$C'D' \neq CD = 2l\frac{\sin\beta}{\sin\alpha} \tag{5-35}$$

由式(5-35)可以看出，在折叠过程中，体系存在应变，现假定应变 ε 为

$$\varepsilon = \frac{C'D' - CD}{CD} \tag{5-36}$$

图 5-32 为斜交向内组合体系($r=8/9$)的应变随折叠过程的变化曲线。从图中可以看出，不同 n 的曲线其变化趋势相似。体系在完全展开状态($\varphi=0°$)时应变为 0，而随着体系的折叠，其应变表现为负应变；体系负应变随着展开角 φ 的增大先增大后减小，直至变为 0，而在体系接近完全折叠状态时，应变转变为正应变。当 n 取不同值时，其最大负应变基本发生在 72° 左右；而当模型在接近完全折叠状态(82°左右)时，应变也接近为 0。

图 5-33 为 $n=4$ 时不同 r 对体系应变的影响，图中给出了 4 条体系应变随展开角 φ 的变化曲线。从图中可以看出，随着 r 的增大，体系的最大负应变在不断增大，而且其无应变状态(除完全展开状态外另一个应变为 0 的状态)时对应的展开角 φ 也在不断增大。

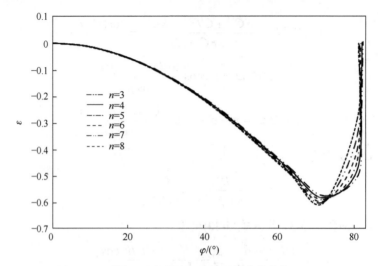

图 5-32　不同 n 时应变随折叠过程的变化曲线($r=8/9$)

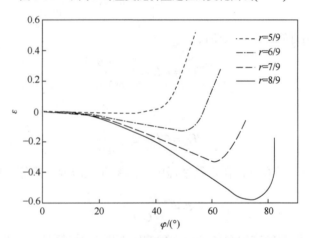

图 5-33　不同 r 时应变随折叠过程的变化曲线($n=4$)

5.4.3　空间正交向内组合体系

图 5-34 为空间正交向内组合体系的展开过程示意图。从图中可以看出，体系从完全折叠状态至完全展开状态需经过两个阶段：第一阶段为图 5-34(a) 和(b)的平面展开过程；第二阶段为图 5-34(b)和(c)的竖向运动过程。第二阶段的运动过程如图 5-35 所示，体系由原来的 ab 运动到 $a'b$ 位置。从图 5-35 可以看出，a 和 b 的水平距离是固定的，这是因为 a 既不能向左运动也不能向右运动；而 a' 是体系完全展开状态金字塔的顶点。由于 ab 的长度都是固定的，而 a 点只能竖向运动，所以由 ab 运动到 $a'b$ 位置必然在体系中产生应变。

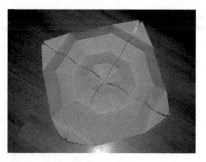

(a) 完全折叠状态　　　　　　　　　　(b) 半展开状态

(c) 完全展开状态

图 5-34　空间正交向内组合体系的展开过程

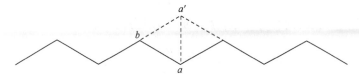

图 5-35　空间正交向内组合体系的竖向运动过程

空间正交向内组合体系计算简图如图 5-36 所示，图 5-36(a)为体系中间状态的俯视图，其中实线表示峰线，虚线表示谷线；图 5-36(b)为剖面图。由前面的分

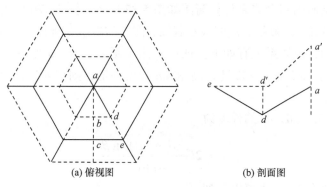

(a) 俯视图　　　　　　　　　(b) 剖面图

图 5-36　空间正交向内组合体系计算简图

析可知，*ae* 水平距离一定，*a* 点不允许左右移动，只能上下运动。*ed* 绕点 *e* 旋转，*ed* 和 *ad* 长度一定，则在 *ade* 到 *a'd'e* 运动过程中的分析如下。

由式(5-8)可知，*ce* 的长度为

$$ce = 2l\tan\beta \tag{5-37}$$

则在直角三角形 △*ace* 中可以得到

$$ae = \frac{ce}{\sin\frac{\pi}{n}} = \frac{2l\tan\beta}{\sin\frac{\pi}{n}} \tag{5-38}$$

另一方面，由式(5-7)可知

$$d'e = de = \frac{l}{\cos\beta} \tag{5-39}$$

从而可以得到

$$\frac{d'e}{ae/2} = \frac{\dfrac{l}{\cos\beta}}{\dfrac{l\tan\beta}{\sin\frac{\pi}{n}}} = \frac{\sin\frac{\pi}{n}}{\sin\beta} \tag{5-40}$$

对于空间正交向内组合体系，*β*<π/*n*，可以得到

$$d'e > \frac{ae}{2} \tag{5-41}$$

所以体系是不相容的。

5.4.4　空间斜交向内组合体系

空间斜交向内组合体系计算简图如图 5-37 所示，图 5-37(a)为中间状态的俯视图，其中实线表示峰线，虚线表示谷线；图 5-37(b)为剖面图。与空间正交向内组合体系相同，该体系也有如下特征：*ae* 水平距离一定，*a* 点不允许左右移动，只能上下运动。*ed* 绕点 *e* 旋转，*ed* 和 *ad* 长度一定，则在 *ade* 到 *a'd'e* 运动过程中的分析如下。

由式(5-16)可知，*ce* 的长度为

$$ce = 2l\frac{\sin(\alpha+\beta)\sin\beta}{\sin\alpha} \tag{5-42}$$

则在直角三角形 △*ace* 中可以得到

$$ae = \frac{ce}{\sin \dfrac{\pi}{n}} = 2l \frac{\sin(\alpha + \beta)\sin \beta}{\sin \alpha \sin \dfrac{\pi}{n}} \tag{5-43}$$

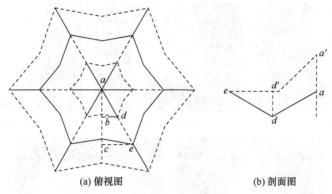

(a) 俯视图   (b) 剖面图

图 5-37 空间斜交向内组合体系计算简图

另一方面，由式(5-15)可知：

$$d'e = de = l\frac{\sin(\alpha + \beta)}{\sin \alpha} \tag{5-44}$$

从而可以得到

$$\frac{d'e}{ae/2} = \frac{l\dfrac{\sin(\alpha + \beta)}{\sin \alpha}}{l\dfrac{\sin(\alpha + \beta)\sin \beta}{\sin \alpha \sin \dfrac{\pi}{n}}} = \frac{\sin \dfrac{\pi}{n}}{\sin \beta} \tag{5-45}$$

对于空间斜交向内组合体系，$\beta < \pi/n$，可以得到

$$d'e > \frac{ae}{2} \tag{5-46}$$

所以体系是不相容的。

5.4.5 向外组合体系

向外组合体系分为平面向外组合体系和空间向外组合体系。由图 5-12 和图 5-13 可知，平面向外组合体系中每个轴线间的 Miura 折纸模型和其余轴线间的模型彼此互不干扰，所以平面向外组合体系是刚性可展的。

空间向外组合体系的运动过程如图 5-38 所示。从图中可以看出，体系可以先将两个对称的面展开[图 5-38(b)]，然后再将另外两个面展开[图 5-38(c)]，所以各个轴线间的 Miura 折纸模型是互不干扰的，因此空间向外组合体系也是刚性可展的。

(a) 完全折叠状态　　　　(b) 展开状态一　　　　(c) 展开状态二

(d) 完全展开状态　　　　(e) 展开过程俯视图

图 5-38　向外组合体系的展开过程

5.5　本章小结

本章首先介绍 Miura 折纸模型的基本概念，并给出其仿生学意义。在此基础上，将 Miura 折纸单元通过向内和向外组合形成了多种平面和空间径向运动的折叠体系，并对其几何特性和刚性可动性进行深入研究。通过本章分析可以得到如下结论：

(1) 三维正交向内组合体系底边正多边形的外接圆半径随着单个 Miura 折纸单元夹角 β 的增加而增加；但其矢高却随着夹角 β 的增加而减小，尤其是当夹角 β 接近其最大值时，体系的矢高急剧下降。

(2) 三维斜交向内组合体系底边正多边形的外接圆半径也随着单个 Miura 折纸单元夹角 β 的增加而增加；而且其正多边形的外接圆半径大于正交体系的外接圆半径。其矢高经历了先增大后减小至 0 的两个阶段。第一阶段为矢高增大到最大值，在这一阶段其变化范围不大；第二阶段为矢高从最大值不断减小，直至为 0。

(3) 三维向外组合体系底边正多边形的外接圆半径、矢高和单个 Miura 折纸单元夹角的关系与三维正交向内组合体系的相同。

(4) 无论是平面还是空间体系，向外组合体系都是刚性可动的。

(5) 向内组合体系不管是正交的还是斜交的都不是刚性可动的，即在运动过程中体系存在应变。而且从平面斜交向内组合体系可以看出，体系中存在的最大应变和体系形成正多边形的边数无关。

参 考 文 献

[1] Miura K. Method of packaging and deployment of large membranes in space[C]// 31st Congress of the International Astronautical Federation, Tokyo, 1980.

[2] Miura K. Folded map and atlas design based on the geometric principle[C]//Proceedings of the 20th International Cartographic Conference, Beijing, 2001.

[3] 韩运龙. 折叠板壳结构的设计与分析[D]. 南京: 东南大学, 2011.

[4] Kobayashi H, Kresling B, Vincent J F V. The geometry of unfolding tree leaves[J]. Proceedings of the Royal Society of London B: Biological Sciences, 1998, 265(1391): 147-154.

[5] de Focatiis D S A, Guest S D. Deployable membranes designed from folding tree leaves[J]. Proceedings of the Royal Society of London A: Mathematical, Physical and Engineering Sciences, 2002, 360(1791): 227-238.

[6] Khayyat H A. Concept Design and Mechanisms for Foldable Pyramidal Plated Structures[D]. Cardiff: Cardiff University, 2008.

第6章 基于改进 Miura 折纸模型的柱面壳结构研究

由第 5 章的分析可知，Miura 折纸模型在完全展开状态时为平面结构，而其展开过程是体系沿着平面内的两个方向展开，所以如图 6-1(a)所示传统的 Miura 折纸模型在折叠展开中的任意状态都是平板构型[1~4]。而在土木工程中，一般具有曲率的构型能够跨越更大的距离，所以大跨度的屋盖中常采用柱面壳等结构形式。针对这种特点，可以将 Miura 折纸模型进行改进，从而使其具有柱面壳的构型[5]。图 6-1(b) 所示为在半折叠状态具有柱面壳构型的两种折纸模型。本章将对这两类折纸模型进行深入的几何分析。

(a) 平面展开的Miura折纸模型

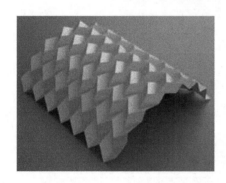
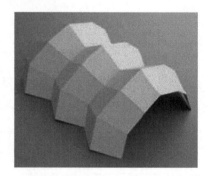

(b) 具有柱面壳构形的折纸模型

图 6-1 Miura 折纸模型及改进后折纸模型的半折叠状态

6.1　改进 Miura 折纸模型

6.1.1　变角度 Miura 折纸模型

Miura 折纸模型的基本单元如图 6-2(a)所示,竖向褶皱线与水平褶皱线的夹角均为 β,即竖向褶皱线相互平行。现改变顶点处的夹角 β,使其增加到新的角度 $\beta'(\beta<\beta'<90°)$,形成变角度 Miura 折纸模型的基本单元,如图 6-2(b)所示。

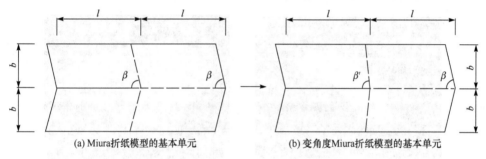

(a) Miura折纸模型的基本单元　　　　　(b) 变角度Miura折纸模型的基本单元

图 6-2　变角度 Miura 折纸模型的形成过程

将图 6-2 所示的变角度 Miura 折纸单元沿着某一方向排列,如图 6-3 所示。图中每一个圆标示的为一个 Miura 折纸单元,由于各个单元四条折痕之间的夹角不同,所以在折叠和展开过程中,基本单元之间不再保持相互平行的排列形式,而是按照一定的角度进行旋转排列,从而形成具有一定曲率的圆弧面,该方向为体系的跨度方向,和跨度方向垂直的方向,称为长度方向。每一行 Miura 折纸单元四条折痕之间的夹角是相同的,所以是平行的,故体系在运动过程中将形成柱面壳构型。

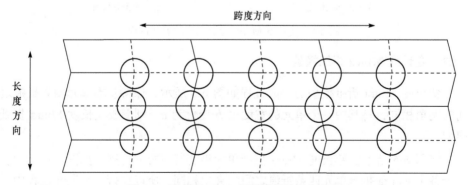

图 6-3　变角度 Miura 折纸模型的组合方式

采用改进后的基本单元制作变角度 Miura 折纸模型，该模型的展开过程如图 6-4 所示，由图可知，模型展开过程中柱面壳的曲率不断减小，完全展开后柱面壳的曲率变为 0，与传统 Miura 折纸模型的最终展开状态一样，为平面结构，而从折叠到展开的过程中，模型的几何形态有较大差别。变角度 Miura 折纸模型在展开过程中可形成具有一定曲率的圆弧面，能够提供较大的使用空间，使该模型可用于建造展览馆、帐篷等可供人们使用的场所，其优点还在于该模型在展开到某种状态时会形成具有一定跨度和矢高的板壳体系，所以研究变角度 Miura 折纸模型的几何形态有重要的实用价值。

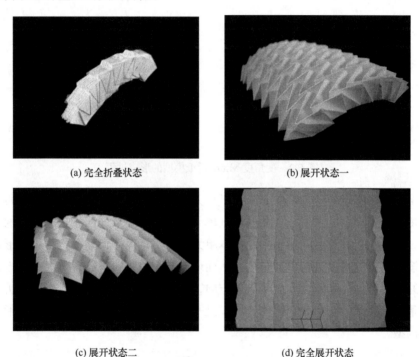

(a) 完全折叠状态　　　　　　　　　　　(b) 展开状态一

(c) 展开状态二　　　　　　　　　　　(d) 完全展开状态

图 6-4　变角度 Miura 折纸模型的展开过程

6.1.2　变长度 Miura 折纸模型

变长度 Miura 折纸模型的形成过程如图 6-5 所示，保持基本单元四条折痕之间的夹角相同，将其中一个单元的宽度由 b 变化为 a，则形成变长度 Miura 折纸模型。

将图 6-5 所示的变长度 Miura 折纸单元沿着某一方向排列，如图 6-6 所示。由于各个 Miura 折纸单元四条折痕之间的夹角相同，所以在折叠和展开过程中，基本单元之间保持相互平行的排列形式，将该方向称为长度方向，和长度方向垂直的方向称为跨度方向。各个单元在完全展开状态(平面状态)不能组合，所以只有将长度方向上的若干单元折叠至一定程度，图 6-6 中两列单元中粗实线所形成的面为同一平面，而中粗实线所形成的平面也为同一平面，这样才能在跨度方向将单元组合起来。需要指出的是，变长度 Miura 折纸模型形成的体系不能完全展开至平面状态，其展开过程如图 6-7 所示。

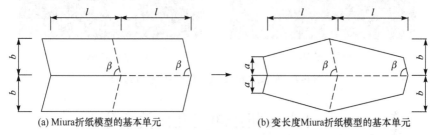

(a) Miura折纸模型的基本单元   (b) 变长度Miura折纸模型的基本单元

图 6-5   变长度 Miura 折纸模型的形成过程

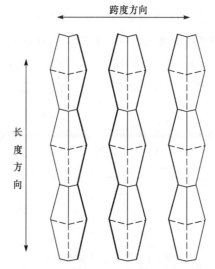

图 6-6   变长度 Miura 折纸模型的组合方式

 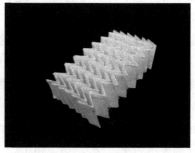

(a) 完全折叠状态   (b) 展开状态一

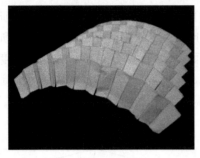

(c) 展开状态二　　　　　　　　　　　(d) 完全展开状态

图 6-7　变长度 Miura 折纸模型的展开过程

6.2　Miura 折纸单元几何关系分析

6.2.1　几何描述

研究改进 Miura 折纸模型基本单元的几何形态对分析其展开过程各参数的变化规律有重要意义。图 6-8 所示为基本单元在展开过程中的形态，将四个面分别命名为 A、B、C 和 D，利用球面三角学理论推导各相邻面之间夹角的关系[6~10]。

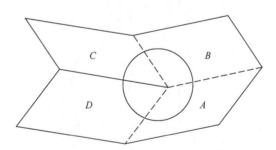

图 6-8　展开中的基本单元

如图 6-9 所示为从完全展开状态的基本单元中切下的一圆形平面板，该面板由四个扇形面组成，面 A、B、C 和 D 的圆心角分别定义为 α_1、α_2、α_3 和 α_4，面 C 和面 D 的交线 CD 为峰线，其他面的交线均为谷线，折叠方式与基本单元保持一致，以便于将所推导的公式直接应用于折纸模型几何形态的分析中。

将折叠过程中的圆形板放入半径相同的球体中，假设圆形板和球体的半径长度为单位长度 1，则球体顶面各圆弧段的长度分别为 α_1、α_2、α_3 和 α_4，将圆弧段之间的夹角表示为 δ_1、δ_2、δ_3 和 δ_4。定义各相邻面之间的夹角为其法线向量的夹角，分别表示为 ρ_{AB}、ρ_{BC}、ρ_{CD} 和 ρ_{DA}，如图 6-10 所示为面 A 与面 B 的夹角 ρ_{AB}。

根据球面三角学理论可知，圆弧段之间的夹角 δ_1、δ_2、δ_3 和 δ_4 分别为相邻面的夹角 ρ_{AB}、ρ_{BC}、ρ_{CD} 和 ρ_{DA} 的补角，故利用球面三角学中的正弦和余弦定理可得出圆弧段之间夹角的关系，进而求得各相邻面之间夹角的关系。

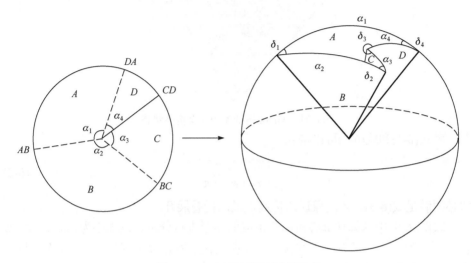

图 6-9　Miura 折纸模型计算模型

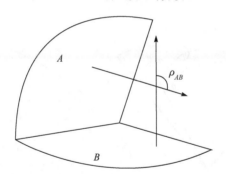

图 6-10　相邻面夹角示意图

6.2.2　Miura 折纸模型的角度关系

由图 6-9 可知，Miura 折纸模型四个角度之间的关系为

$$\alpha_1 + \alpha_2 + \alpha_3 + \alpha_4 = 2\pi \tag{6-1}$$

图 6-11 所示为 Miura 折纸模型完全折叠时的状态，可以看出四个角度之间的关系为

$$\alpha_1 - \alpha_2 + \alpha_3 - \alpha_4 = 0 \tag{6-2}$$

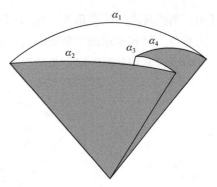

图 6-11　Miura 折纸模型完全折叠状态

由式(6-1)和式(6-2)可以得到

$$\begin{cases} \alpha_1 + \alpha_3 = \pi \\ \alpha_2 + \alpha_4 = \pi \end{cases} \tag{6-3}$$

即必须满足式(6-3)，才能保证四折痕折纸的折叠展开。

取图 6-9 中球体顶部各段圆弧组成的图形进行分析。以球心为圆心，过 AB 和 CD 的顶点作半径为 1 的圆弧，可知所连接的圆弧段长度为 ξ，该圆弧段将所取图形分为两个球面三角形，如图 6-12 所示。

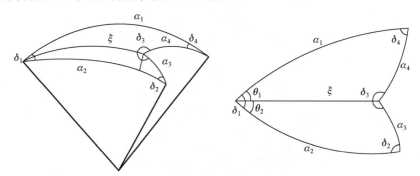

图 6-12　球体顶部圆弧段组成的图形

对于如图 6-12 所示的两个球面三角形，由球面三角形余弦定理可知[11]：

$$\begin{cases} \cos\varepsilon = \cos\alpha_2 \cos\alpha_3 + \sin\alpha_2 \sin\alpha_3 \cos\delta_4 \\ \cos\varepsilon = \cos\alpha_1 \cos\alpha_4 + \sin\alpha_1 \sin\alpha_4 \cos\delta_2 \end{cases} \tag{6-4}$$

将式(6-3)代入式(6-4)，可得

$$\sin\alpha_1 \sin\alpha_2 (\cos\delta_2 - \cos\delta_4) = 0 \tag{6-5}$$

对于 Miura 折纸模型而言，其折痕之间的角度不能为 0°或 180°，所以可以得到

$$\cos\delta_2 = \cos\delta_4 \tag{6-6}$$

由于各平板之间的夹角为 0°～180°，故两者之间的关系为

$$\delta_2 = \delta_4 \tag{6-7}$$

在图 6-9 中过 AC 和 DA 的顶点作半径为 1 的圆弧,可知所连接的圆弧段长度为 ς,该圆弧段将与原图形一起形成两个球面三角形,如图 6-13 所示。由球面三角形余弦定理可知:

$$\begin{cases} \cos\varsigma = \cos\alpha_1 \cos\alpha_2 + \sin\alpha_1 \sin\alpha_2 \cos\delta_1 \\ \cos\varsigma = \cos\alpha_3 \cos\alpha_4 + \sin\alpha_3 \sin\alpha_4 \cos(2\pi - \delta_3) \end{cases} \tag{6-8}$$

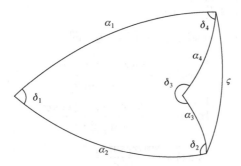

图 6-13　各个平板夹角关系示意图

将式(6-3)代入式(6-8),可得

$$\sin\alpha_1 \sin\alpha_2 \left[\cos\delta_1 - \cos(2\pi - \delta_3) \right] = 0 \tag{6-9}$$

由于各个夹角为 0°～180°,所以两者之间的关系为

$$\delta_1 = 2\pi - \delta_3 \tag{6-10}$$

由式(6-7)和式(6-10)可以得出各相邻面夹角之间的关系,即

$$\begin{cases} \rho_{CD} = -\rho_{AB} \\ \rho_{DA} = \rho_{BC} \end{cases} \tag{6-11}$$

式(6-11)表明各面之间的夹角可由 ρ_{AB} 和 ρ_{BC} 两个参数表示,由于四面组成的平面板单元仅有一种运动形式,即该平面板单元为单自由度体系,可以推知 ρ_{AB} 和 ρ_{BC} 不是相互独立的,而是存在着某种关系。下面讨论 ρ_{AB} 和 ρ_{BC} 之间的关系。

对图 6-12 所示的上下两个球面三角形运用球面三角学中的正弦和余弦定理进行分析有

$$\begin{cases} \cos\alpha_4 = \cos\xi \cos\alpha_1 + \sin\xi \sin\alpha_1 \cos\theta_1 \\ \cos\alpha_3 = \cos\xi \cos\alpha_2 + \sin\xi \sin\alpha_2 \cos\theta_2 \\ \dfrac{\sin\alpha_4}{\sin\theta_1} = \dfrac{\sin\xi}{\sin\delta_4} \\ \dfrac{\sin\alpha_3}{\sin\theta_2} = \dfrac{\sin\xi}{\sin\delta_2} \end{cases} \tag{6-12}$$

将式(6-3)、式(6-7)和式(6-10)代入式(6-12)可得

$$
\begin{cases}
-\cos\alpha_2 = \cos\xi\cos\alpha_1 + \sin\xi\sin\alpha_1\cos\theta_1 \\
-\cos\alpha_1 = \cos\xi\cos\alpha_2 + \sin\xi\sin\alpha_2\cos\theta_2 \\
\dfrac{\sin\alpha_2}{\sin\theta_1} = \dfrac{\sin\xi}{\sin\delta_2} \\
\dfrac{\sin\alpha_1}{\sin\theta_2} = \dfrac{\sin\xi}{\sin\delta_2}
\end{cases}
\tag{6-13}
$$

由式(6-13)可得出 $\cos\theta_1$、$\cos\theta_2$、$\sin\theta_1$ 和 $\sin\theta_2$，即

$$
\begin{cases}
\cos\theta_1 = \dfrac{-\cos\alpha_2 - \cos\xi\cos\alpha_1}{\sin\xi\sin\alpha_1} \\[2mm]
\cos\theta_2 = \dfrac{-\cos\alpha_1 - \cos\xi\cos\alpha_2}{\sin\xi\sin\alpha_2} \\[2mm]
\sin\theta_1 = \dfrac{\sin\alpha_2\sin\delta_2}{\sin\xi} \\[2mm]
\sin\theta_2 = \dfrac{\sin\alpha_1\sin\delta_2}{\sin\xi}
\end{cases}
\tag{6-14}
$$

则 δ_1 的余弦值可表示为

$$
\begin{aligned}
\cos\delta_1 &= \cos(\theta_1 + \theta_2) \\
&= \cos\theta_1\cos\theta_2 - \sin\theta_1\sin\theta_2 \\
&= \frac{\cos\alpha_2 + \cos\xi\cos\alpha_1}{\sin\xi\sin\alpha_1} \times \frac{\cos\alpha_1 + \cos\xi\cos\alpha_2}{\sin\xi\sin\alpha_2} - \frac{\sin\alpha_1\sin\alpha_2\sin^2\delta_2}{\sin^2\xi} \\
&= \frac{(\cos\alpha_2 + \cos\xi\cos\alpha_1)(\cos\alpha_1 + \cos\xi\cos\alpha_2) - \sin^2\alpha_1\sin^2\alpha_2\sin^2\delta_2}{\sin^2\xi\sin\alpha_1\sin\alpha_2}
\end{aligned}
\tag{6-15}
$$

由式(6-4)可知

$$
\begin{aligned}
\cos\xi &= \cos\alpha_1\cos\alpha_4 + \sin\alpha_1\sin\alpha_4\cos\delta_2 \\
&= -\cos\alpha_1\cos\alpha_2 + \sin\alpha_1\sin\alpha_2\cos\delta_2
\end{aligned}
\tag{6-16}
$$

则 δ_2 的余弦值可表示为

$$
\cos\delta_2 = \frac{\cos\xi + \cos\alpha_1\cos\alpha_2}{\sin\alpha_1\sin\alpha_2}
\tag{6-17}
$$

从而可以求得 δ_1 和 δ_2 的关系为

$$
\cos\delta_1 = \cos\delta_2 - \frac{\sin^2\delta_2\sin\alpha_1\sin\alpha_2}{1 - \cos\xi}
\tag{6-18}
$$

式(6-18)可以简化为

$$\cos\delta_1 = \frac{K\cos\delta_2 - 1}{K - \cos\delta_2} \tag{6-19}$$

式中，系数 K 为

$$K = \frac{1 + \cos\alpha_1\cos\alpha_2}{\sin\alpha_1\sin\alpha_2} \tag{6-20}$$

由于圆弧段之间的夹角 δ_1、δ_2、δ_3、δ_4 分别为相邻面的夹角 ρ_{AB}、ρ_{BC}、ρ_{CD} 和 ρ_{DA} 的补角，则式(6-19)以相邻面之间的夹角 ρ 表示为

$$\cos(\pi - \rho_{AB}) = \frac{K\cos(\pi - \rho_{BC}) - 1}{K - \cos(\pi - \rho_{BC})} \tag{6-21}$$

进一步简化为

$$\cos\rho_{AB} = \frac{K\cos\rho_{BC} + 1}{K - \cos\rho_{BC}} \tag{6-22}$$

通过以上各式的推导可知，在确定面 A、B、C、D 中任意一个相邻面的夹角后，可计算得出其他三个相邻面的夹角及面与面交线之间的角度关系，这一理论对于分析变角度和变长度 Miura 折纸模型的几何形态有重要意义。

6.3　变角度 Miura 折纸模型几何分析

6.3.1　公式推导

取变角度 Miura 折纸模型中的两个基本单元进行分析，各单元中的面板分别命名为 A_1、B_1、C_1、D_1 和 A_2、B_2、C_2、D_2，保证面 C_1 和 D_1 的交线 C_1D_1 及面 C_2 和 D_2 的交线 C_2D_2 为峰线，顶角 $\beta_2 < \beta_1 < 90°$，如图 6-14 所示。

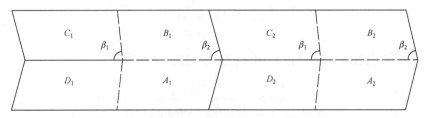

图 6-14　变角度 Miura 折纸模型中的两个基本单元

以第一个单元为研究对象，设已知面 B_1 和面 C_1 的夹角为 $\rho_{B_1C_1}$，由式(6-22)得

$$\cos\rho_{A_1B_1} = \frac{K_1\cos\rho_{B_1C_1} + 1}{K_1 - \cos\rho_{B_1C_1}} \tag{6-23}$$

式(6-20)中的 α_1 与 α_2 在该单元中均为 $\pi - \beta_1$，则式(6-23)中的系数 K_1 为

$$K_1 = \frac{1 + \cos^2 \beta_1}{\sin^2 \beta_1} \tag{6-24}$$

设线段 $C_1 D_1$ 与 $A_1 B_1$ 的夹角为 ξ_1，由式(6-16)得

$$\begin{aligned}
\cos \xi_1 &= -\cos^2 \beta_1 + \sin^2 \beta_1 \cos\left(\pi - \rho_{B_1 C_1}\right) \\
&= -\cos^2 \beta_1 - \sin^2 \beta_1 \cos \rho_{B_1 C_1}
\end{aligned} \tag{6-25}$$

再以面 A_1、B_1 和 C_2、D_2 组成的单元为研究对象，并将其翻转 $180°$，得到如图 6-15 所示的计算单元。

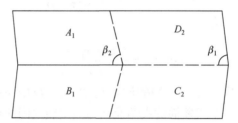

图 6-15　翻转后的计算单元

由式(6-11)可知

$$\rho_{C_2 D_2} = -\rho_{A_1 B_1} \tag{6-26}$$

则根据式(6-22)得

$$\cos \rho_{A_1 B_1} = \frac{K_2 \cos \rho_{B_1 C_2} + 1}{K_2 - \cos \rho_{B_1 C_2}} \tag{6-27}$$

式(6-20)中的 α_1 和 α_2 在该单元中均为 $\pi - \beta_2$，则式(6-27)中的系数 K_2 为

$$K_2 = \frac{1 + \cos^2 \beta_2}{\sin^2 \beta_2} \tag{6-28}$$

从而可以利用式(6-27)求得板 B_1 和 C_2 之间夹角的余弦值为

$$\cos \rho_{B_1 C_2} = \frac{K_2 \cos \rho_{A_1 B_1} - 1}{K_2 - \cos \rho_{A_1 B_1}} \tag{6-29}$$

设线段 $C_2 D_2$ 与 $A_1 B_1$ 的夹角为 ξ_2，由式(6-16)得

$$\begin{aligned}
\cos \xi_2 &= -\cos^2 \beta_2 + \sin^2 \beta_2 \cos\left(\pi - \rho_{B_1 C_2}\right) \\
&= -\cos^2 \beta_2 - \sin^2 \beta_2 \cos \rho_{B_1 C_2}
\end{aligned} \tag{6-30}$$

由面 A_1、B_1、C_1、D_1 组成的基本单元与由面 A_2、B_2、C_2、D_2 组成的基本单元具有相同的运动形态，其原因在于

$$\rho_{C_2D_2} = -\rho_{A_1B_1} = \rho_{C_1D_1} \tag{6-31}$$

又因为两单元具有相同的顶角，由式(6-22)可得

$$\rho_{B_1C_1} = \rho_{B_2C_2} \tag{6-32}$$

由式(6-31)和式(6-32)可知，若两个基本单元各相邻面的夹角相同，且顶角均为 β_1，则两单元具有相同的几何运动形态，因此不需要再进行下个基本单元的几何分析。

变角度 Miura 折纸模型展开的形态如图 6-16 所示，设模型中单元个数为 n，则连接线段 C_1D_1、A_1B_1 至 C_nD_n、A_nB_n 的下端点可组成 n 条折线段，即图中所示的虚线部分。定义此 n 条虚线段起点到终点的距离为该模型的跨度 S，确定模型在展开过程中跨度 S、矢高 H 及纵向展开长度 d 的变化是本节的主要任务。

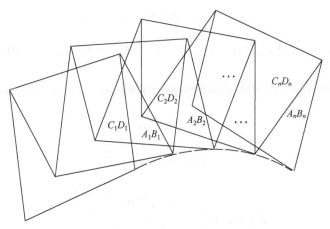

图 6-16　展开中的变角度 Miura 折纸模型

将图 6-16 中的线段 C_1D_1、A_1B_1 至 C_nD_n、A_nB_n 单独取出进行分析，由以上对基本单元几何关系的分析可知，线段 C_1D_1、A_1B_1 至 C_nD_n、A_nB_n 与 n 条虚线段形成的 n 个等腰三角形，顶角均为 ξ_1，底角均为 $(\pi-\xi_1)/2$，另根据 A_1B_1 与 C_2D_2 的夹角为 ξ_2，可求出相邻虚线段之间的夹角均为 $\pi-\xi_1+\xi_2$，且各虚线段的长度相等，可以证明有且仅有一圆弧通过此 n 条虚线段的交点，如图 6-17 所示。

设各等腰三角形底边的长度为 L，线段 C_1D_1、A_1B_1 至 C_nD_n、A_nB_n 长度均为 l，则

$$L = 2l\sin\frac{\xi_1}{2} \tag{6-33}$$

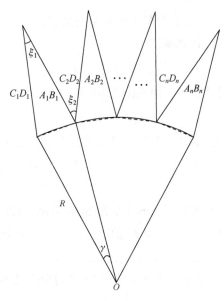

图 6-17　模型跨度和矢高的计算图

圆弧半径定义为 R，矢高为 H，跨度为 S，各等腰三角形底边所对应的圆心角为 γ，则有

$$\gamma = \xi_2 - \xi_1 \tag{6-34}$$

$$R = \frac{L}{2\sin\dfrac{\gamma}{2}} = \frac{l\sin\dfrac{\xi_1}{2}}{\sin\dfrac{\xi_2-\xi_1}{2}} \tag{6-35}$$

$$S = 2R\sin\frac{n\gamma}{2} = \frac{2l\sin\dfrac{\xi_1}{2}\sin\dfrac{n(\xi_1-\xi)}{2}}{\sin\dfrac{\xi_2-\xi_1}{2}} \tag{6-36}$$

$$
\begin{aligned}
H &= R\left(1-\cos\frac{n\gamma}{2}\right) = R\left[1-\cos\frac{n(\xi_1-\xi)}{2}\right] \\
&= \frac{l\sin\dfrac{\xi_1}{2}\left[1-\cos\dfrac{n(\xi_1-\xi)}{2}\right]}{\sin\dfrac{\xi_2-\xi_1}{2}}
\end{aligned} \tag{6-37}
$$

设模型完全展开状态下基本单元的纵向展开长度为 $2b$，在展开过程中的纵向展开长度为 d，线段 B_1C_1 与 A_1D_1 夹角为 φ，图 6-18 所示为纵向展开长度的计算图，则

$$d = 2l_{B_1C_1} \sin\frac{\varphi}{2} = \frac{2b\sin\dfrac{\varphi}{2}}{\sin\beta_1} \tag{6-38}$$

式中，系数 φ 根据式(6-16)得到

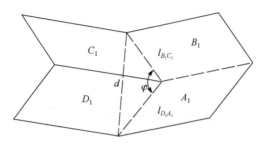

图 6-18　模型纵向展开长度计算图

$$\begin{aligned}
\cos\varphi &= \cos^2\beta_1 + \sin^2\beta_1 \cos\left(\pi - \rho_{A_1B_1}\right) \\
&= \cos^2\beta_1 - \sin^2\beta_1 \cos\rho_{A_1B_1}
\end{aligned} \tag{6-39}$$

　　这里提出一个问题，既然变角度 Miura 折纸模型在展开过程中可以产生一定的曲率，形成一个圆弧面，那么是否可以通过增加基本单元个数，使其形成闭合的圆面，此闭合模型是否可以进行径向运动呢？通过对该模型的几何形态分析可知，一定个数的基本单元可形成如图 6-17 所示的一段圆弧，而每个虚线段对应一圆心角 γ，假设 n 个基本单元可组成一闭合的折纸模型，则必须满足 $n\gamma=2\pi$，即圆心角 γ 在展开过程中始终保持不变，其值为 $2\pi/n$，但从对变角度 Miura 折纸模型的几何分析中得知，该模型的圆心角 γ 随着 ρ_{BC} 的变化而不断变化，与假设所得结论相互矛盾，故即使制作成折叠状态下的闭合模型，该模型也无法进行径向运动。

6.3.2　基本模型几何分析

　　以面 B_1 和面 C_1 夹角的补角 ψ 作为折叠角，在模型其他参数确定的情况下进行分析。设基本模型单元个数 n 为 4，顶角 $\beta_1=80°$，$\beta_2=60°$，根据式(6-35)～式(6-38)所提供的计算公式，以折叠角 ψ 为自变量，分析模型从折叠到展开过程中曲率半径、跨度、矢高和纵向展开长度的变化规律。

　　图 6-19 所示为变角度基本模型曲率半径随折叠角 ψ 的变化曲线，其纵坐标为基本模型曲率半径 R 与单元长度 l 的比值。由图可知，随着模型的不断展开，ψ 从 0° 增加至 180° 的过程中，曲率半径从初始值 R_0 开始不断增大，至模型完全展开时趋于无穷大，从曲线的变化情况看，曲率半径 R 随折叠角 ψ 的不断增大近似呈指数增长，结合式(6-35)可求得初始值 R_0 为 0.508l。

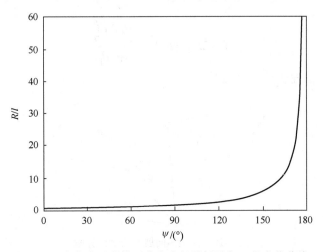

图 6-19　变角度基本模型曲率半径随折叠角 ψ 的变化曲线

　　变角度基本模型跨度随折叠角 ψ 的变化曲线如图 6-20 所示,其纵坐标为基本模型跨度 S 与单元长度 l 的比值。该模型从折叠至展开过程中,跨度 S 从初始值 S_0 逐渐增大,至模型完全展开时达到最大值 $n×2l$,在本算例中跨度最大值为 $8l$。跨度的变化相对于曲率半径的变化较为平缓,中间区段近似为线性增长,折叠角 $0°\sim60°$ 内增长较为缓慢。由式(6-36)可求得初始值 S_0 为 $1.0l$。

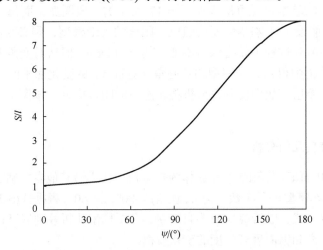

图 6-20　变角度基本模型跨度随折叠角 ψ 的变化曲线

　　图 6-21 所示为变角度基本模型矢高随折叠角 ψ 的变化规律。从图中曲线的变化情况可知,随着折叠角 ψ 的不断增大,模型的矢高经过了先增大后减小至 0 的两个阶段,第一阶段矢高 H 从初始值 H_0 不断增大至最大值 H_{max};第二阶段矢高

从最大值不断减小，至最后模型展开成平板时减小至 0。令折叠角 ψ 为 0°，利用式(6-36)可求得矢高初始值 H_0 为 0.42l。

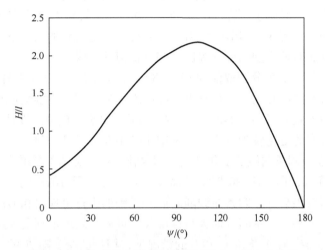

图 6-21 变角度基本模型矢高随折叠角 ψ 的变化曲线

图 6-22 所示为变角度基本模型纵向展开长度随折叠角 ψ 的变化曲线，其纵坐标为基本模型纵向展开长度 d 与基本单元宽度 b 的比值。折叠状态下基本模型纵向展开长度初始值 d_0 为 0，折叠角 ψ 在 0°~30°内纵向展开长度 d 迅速增长，至折叠角 ψ 达到 90°时达到最大值，其后的变化较为缓慢，模型完全展开时达到 d_{max}，该模型的 d_{max} 为 2b，d 值可由式(6-38)计算得到。

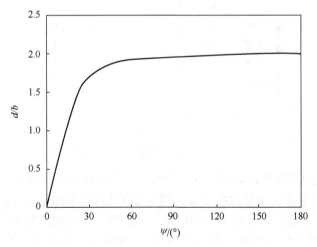

图 6-22 变角度基本模型纵向展开长度随折叠角 ψ 的变化曲线

6.3.3　参数分析

6.3.2 节对基本模型进行了分析，其前提是确定了 β_1 与 β_2 的取值，即在模型的基本单元已成型的基础上研究曲率半径 R、跨度 S、矢高 H 和纵向展开长度 d 在展开过程中的变化规律。本节则致力于探究在 β_1 与 β_2 变化的情况下，以上变量的变化趋势，从而对该模型的设计提出一些有价值的建议。

令 $\beta_2 = 60°$ 不变，β_1 分别取值为 65°、70°、75° 和 80°，将产生四种不同的模型，选取模型从折叠到展开的 9 个状态点，折叠角 ψ 从 0 到 π，间隔为 $\pi/8$，其展开过程中各变量的关系曲线如图 6-23～图 6-25 所示，由于在模型的设计中跨度、矢高和纵向展开长度的变化较为重要，故图中未列出曲率半径一项。

从图 6-23 中四条曲线的变化情况可以看出，随着 β_1 的不断增大，模型的初始跨度 S_0 逐渐降低，说明 $\beta_1 = 80°$ 时的模型在折叠状态下所占的横向跨度尺寸最小，所达到的收缩效果最好。四条曲线随着展开过程的进行呈现出相似的增长规律，即开始阶段较为平缓，中间近似为线性增长，最后平缓增加到最大跨度 $S_{\max}$，该模型中 $S_{\max}$ 为 $8l$。在折叠角 ψ 相等的情况下，模型的跨度随 β_1 的增长而降低，但这种降低程度在折叠状态下最大，随着展开过程的继续，降低程度逐渐减缓，折叠角 ψ 在 150°～180° 时，基本可以忽略这种降低的影响。

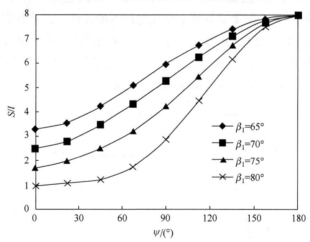

图 6-23　改变 β_1 时跨度的变化曲线

β_1 的改变对矢高的影响如图 6-24 所示，四条曲线的变化规律基本相同，在折叠角 ψ 从 0° 到 180° 的变化过程中矢高均经过了先增大后减小至 0 的过程，矢高的最大值均出现在折叠角 ψ 为 90°～180° 时。随着 β_1 从 65° 增加到 85°，模型的矢高最大值从 $0.62l$ 增加到 $2.09l$，提高了 2 倍多，说明 β_1 的变化对矢高最大值有较大影响。在折叠角 ψ 一定的情况下，除折叠状态外，其他 8 个状态点均呈现随 β_1 的增加矢高不断增大的规律，在折叠角 $\psi = 0°$ 时，初始矢高 H_0 先增大后减小。

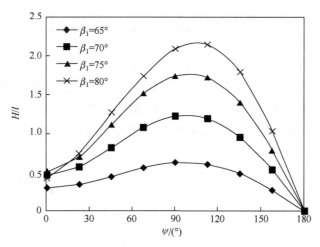

图 6-24　改变 β_1 时矢高的变化曲线

图 6-25 所示为改变 β_1 对纵向展开长度的影响曲线，曲线的变化趋势均为先快速增长继而平缓增加到最大值 d_{max}，该模型中 d_{max} 为 $2l$。在折叠角 ψ 相等的情况下，随着 β_1 的增加，纵向展开长度也在不断增大，$\beta_1=80°$ 的模型在折叠角 ψ 较小时纵向展开长度基本就达到了最大值 d_{max}，即在模型展开前期纵向就已接近完全展开，而 $\beta_1=65°$ 的模型在 ρ_{BC} 较大时纵向展开长度才基本达到最大值 d_{max}，说明随着 β_1 的增加，纵向展开速度提高。

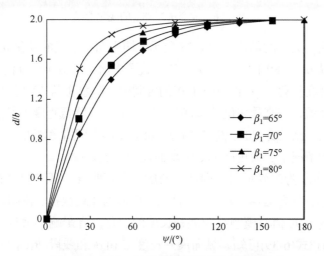

图 6-25　改变 β_1 时纵向展开长度的变化曲线

令 $\beta_1=80°$ 不变，β_2 分别取值为 60°、65°、70° 和 75°，也将产生四种不同的模型，其展开过程中各变量的关系曲线如图 6-26～图 6-28 所示。

从图 6-26 中四条曲线的变化情况可以看出，随着 β_2 不断增大，模型的初始跨度 S_0 有较小的增大趋势，$\beta_2=60°$ 时的模型在折叠状态下所占的横向跨度尺寸最小。在折叠角 ψ 相等的情况下，模型的跨度随 β_2 的增大而不断增大，这种增大程度在折叠角为 $45°\sim120°$ 时最为明显，随着展开过程的继续，增大程度逐渐减缓，折叠角 ψ 在 $150°\sim180°$ 时基本可以忽略这种增大的影响。相对于改变 β_1 时跨度的变化程度，改变 β_2 时跨度的改变程度较小，尤其是模型展开至折叠角 $\psi>120°$ 之后，改变 β_2 对增加跨度的作用不明显。

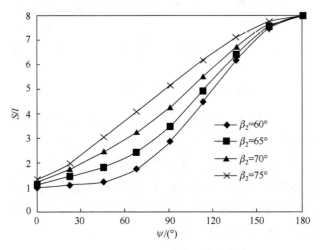

图 6-26　改变 β_2 时跨度的变化曲线

β_2 的改变对矢高的影响如图 6-27 所示，图中四条曲线的变化规律基本相同，在折叠角 ψ 从 $0°\sim180°$ 的变化中矢高均经过了先增大后减小至 0 的过程，矢高的最大值均出现在折叠角 ψ 在 $90°\sim180°$ 的区间中。随着 β_2 从 $60°$ 增大至 $75°$，模型的矢高逐渐降低，矢高最大值从 $2.09l$ 降至 $1.10l$，其降低程度不及改变 β_1 时矢高降低的程度大。比较 $\beta_1=80°$、$\beta_2=75°$ 和 $\beta_1=65°$、$\beta_2=60°$ 两个模型的矢高发现，在两角差值相同的情况下，大角度模型矢高的最大值更大一些。

图 6-28 所示为改变 β_2 时纵向展开长度的变化曲线，可以明显看出，四条曲线重合在一起，且数据均为 $\beta_1=80°$、$\beta_2=60°$ 模型的曲线数据，说明在 β_1 确定的情况下，改变 β_2 的取值对模型纵向展开长度的变化没有影响。由计算纵向展开长度的式(6-38)和式(6-39)可知，纵向展开长度 d 由 β_1 和线段 B_1C_1 与 A_1D_1 夹角 φ 确定，而夹角 φ 的值由 β_1 和 $\rho_{A_1B_1}$ 决定，$\rho_{A_1B_1}$ 由 $\rho_{B_1C_1}$ 唯一确定，所以在 β_1 不变及 $\rho_{B_1C_1}$ 确定的情况下，纵向展开长度 d 不会发生变化，因此出现了四条曲线重合的情况。

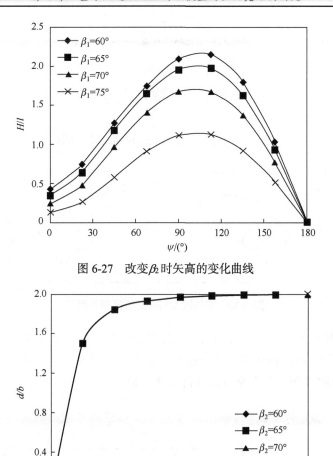

图 6-27　改变 β_2 时矢高的变化曲线

图 6-28　改变 β_2 时纵向展开长度的变化曲线

6.4　变长度 Miura 折纸模型几何分析

6.4.1　公式推导

图 6-29 为由 5 个基本变长度 Miura 折纸单元组成的单榀折纸三维展开图。如果将其下部节点相连将形成一个圆弧，可分别定义体系的跨度 S 和矢高 H，如图 6-30 所示。本节为了计算方便，也将上部节点相连形成圆弧的跨度和矢高分别定义为 S' 和 H'。

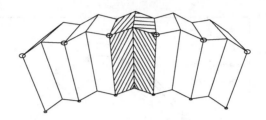

图 6-29　变长度 Miura 折纸模型三维展开图

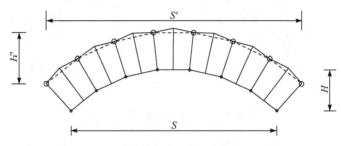

图 6-30　变长度 Miura 折纸模型立面图

由于该模型是由基本单元通过镜像得到的，故以一个基本单元为对象，研究其在展开过程中的运动规律，进而推导至多个单元组成的模型中。对基本单元进行图 6-31 中的操作，以方便对其进行几何分析。

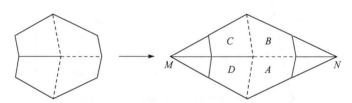

图 6-31　变长度 Miura 折纸单元的延长操作

展开过程中的基本单元如图 6-32 所示，由以上分析可知，由基本单元中 P、Q 等节点组成的折线段对应于一外接圆，确定该外接圆的半径、圆心及各折线段对应的圆心角，即可求得模型的跨度 S' 和矢高 H'，同理由 P_1、Q_1 等节点组成的折线段也可得到模型的跨度 S 和矢高 H。

首先确定模型的跨度 S' 和矢高 H'，即计算图 6-32 中线段 PQ 的长度以及上部节点所连接线段对应的外接圆的圆心、半径和圆心角等参数。分析可知，此外接圆必垂直于面 PMN、面 OMN 和面 QMN，面 PMN 和面 QMN 之间的夹角即为线段 PQ 对应的圆心角。现过点 P、Q 分别作垂直于线段 MN 的垂线，由对称性可知，△PMN 和△QMN 为全等三角形，故两条垂线必交于一点 F，现证明所得

面 FPQ 垂直于面 PMN、面 OMN 和面 QMN，由对称性可知，线段 PQ 为面 OMN 的法线，则面 FPQ 必垂直于面 OMN，且 $PQ \perp MN$，$QF \perp MN$，可得线段 MN 为面 FPQ 的法线，则面 QMN 和面 PMN 垂直于面 FPQ。分析可知，面 FPQ 位于外接圆上，点 F 即为圆心，线段 FP、FQ 为半径。根据基本单元之间的镜像关系，以四个基本单元为例，可得外接圆弧如图 6-33 所示。

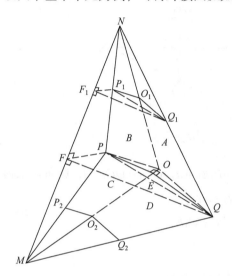

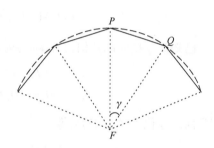

图 6-32　展开过程中的基本单元　　　　图 6-33　外接圆弧计算简图

得到外接圆弧之后，便可求得模型的跨度 S' 和矢高 H'。为计算跨度和矢高，需要确定半径长度和圆心角大小。将面 ONQ、面 ONP、面 OMP 和面 OMQ 定义为面 A、B、C 和 D，如图 6-32 所示，根据前面所推导的四边板单元中面夹角之间的关系，以面 B、C 之间的夹角为已知变量，可计算其他相邻面夹角之间的关系及面与面交线之间的角度关系。设面 B、C 之间的夹角为 ρ_{BC}，顶点处所夹锐角为 β，则

$$\cos\rho_{AB} = \frac{K\cos\rho_{BC} + 1}{K - \cos\rho_{BC}} \tag{6-40}$$

式中，系数 K 为

$$K = \frac{1 + \cos^2\beta}{\sin^2\beta} \tag{6-41}$$

由于 $\rho_{CD} = -\rho_{AB}$，可知

$$\angle PEQ = \pi - \rho_{AB} \tag{6-42}$$

现对基本单元中各线段的尺寸作如下说明：图 6-34 所示为基本单元完全展开状态下的平面图，分别过 P 和 Q、P_1 和 Q_1 及 P_2 和 Q_2 作线段 MN 的垂线，分别交于点 E、E_1 和 E_2。

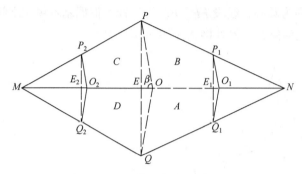

图 6-34　基本单元完全展开平面图

已知基本单元的几何尺寸为：$PE = b$，$P_1E_1 = a$，$OO_1 = OO_2 = l$，则可以求得

$$\begin{cases} EE_1 = OO_1 + OE - O_1E_1 \\ EE_2 = OO_2 - OE + O_2E_2 \end{cases} \tag{6-43}$$

将几何尺寸代入式(6-43)可得

$$\begin{cases} EE_1 = l + b\cot\beta - a\cot\beta \\ EE_2 = l - b\cot\beta + a\cot\beta \end{cases} \tag{6-44}$$

$\triangle P_1E_1N$ 和 $\triangle PEN$ 为相似三角形，有

$$\frac{EN}{EE_1} = \frac{PE}{PE - P_1E_1} = \frac{b}{b-a} \tag{6-45}$$

从而可以求得 EN 的长度为

$$EN = \frac{b}{b-a}(l + b\cot\beta - a\cot\beta) \tag{6-46}$$

同理可以求得 EM 的长度为

$$EM = \frac{b}{b-a}(l - b\cot\beta + a\cot\beta) \tag{6-47}$$

在直角三角形 $\triangle PEN$ 和 $\triangle PEM$ 中，可以求得 PM 和 PN 为

$$\begin{cases} PN = \sqrt{EN^2 + b^2} \\ PM = \sqrt{EM^2 + b^2} \end{cases} \tag{6-48}$$

$\triangle P_1 O_1 N$ 和 $\triangle PON$ 为相似三角形，有

$$\frac{ON}{OO_1} = \frac{PN}{PN - P_1 N} = \frac{b}{b-a} \tag{6-49}$$

从而可以求得 ON 的长度为

$$ON = \frac{b}{b-a} l \tag{6-50}$$

同理可以求得 OM 的长度为

$$OM = \frac{b}{b-a} l \tag{6-51}$$

在如图 6-32 所示的 $\triangle FPQ$ 中有

$$PQ = 2b \sin \frac{\pi - \rho_{AB}}{2} = 2b \cos \frac{\rho_{AB}}{2} \tag{6-52}$$

现需要计算线段 MN 在基本单元展开过程中的长度，在已知面 B、C 的夹角 ρ_{BC} 的情况下，可得线段 OM 和 ON 的夹角 χ，即

$$\cos \chi = -\cos^2 \beta - \sin^2 \beta \cos \rho_{BC} \tag{6-53}$$

在 $\triangle OMN$ 中有

$$\begin{aligned} MN &= \sqrt{OM^2 + ON^2 - 2OM \cdot ON \cdot \cos \chi} \\ &= \sqrt{2OM^2 - 2OM^2 \cdot \cos \chi} \end{aligned} \tag{6-54}$$

由式(6-48)和式(6-54)并利用海伦公式得

$$R = PF = QF = \frac{\sqrt{(\tau - PN)(\tau - PM)(\tau - MN)\tau}}{MN} \tag{6-55}$$

式中

$$\tau = \frac{PN + PM + MN}{2} \tag{6-56}$$

在等腰三角形 $\triangle FPQ$ 中有

$$\sin \frac{\gamma}{2} = \frac{PQ}{2PF} = \frac{b}{R} \cos \frac{\rho_{AB}}{2} \tag{6-57}$$

则

$$\gamma = 2 \arcsin \left(\frac{b}{R} \cos \frac{\rho_{AB}}{2} \right) \tag{6-58}$$

设模型中包括 n 个基本单元，则上部节点的外接圆形成圆弧的跨度和矢高为

$$
\begin{cases}
S' = 2R\sin\dfrac{n\gamma}{2} \\[2mm]
H' = R\left(1 - \cos\dfrac{n\gamma}{2}\right)
\end{cases}
\tag{6-59}
$$

由图 6-32 可知，过点 P_1、Q_1 分别作垂直于线段 MN 的垂线并交于一点 F_1，分析可知所得 $\triangle F_1P_1Q_1$ 与 $\triangle FPQ$ 各边相互平行，且 $\triangle F_1P_1Q_1$ 各边与 $\triangle FPQ$ 各边的比例关系均为 $b:a$，则下部节点的外接圆形成圆弧的跨度和矢高为

$$
\begin{cases}
S = 2\dfrac{a}{b}R\sin\dfrac{n\gamma}{2} \\[2mm]
H = \dfrac{a}{b}R\left(1 - \cos\dfrac{n\gamma}{2}\right)
\end{cases}
\tag{6-60}
$$

单个变长度基本单元纵向展开长度的计算简图如图 6-35 所示。线段 OO_1 与 OO_2 夹角为 χ，则纵向展开长度为

$$
d = 2l\sin\frac{\chi}{2}
\tag{6-61}
$$

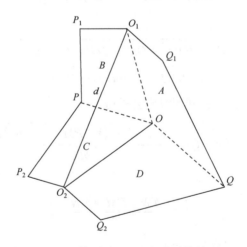

图 6-35　体系纵向展开长度计算简图

6.4.2　基本模型几何分析

以面 B 和面 C 之间的夹角的补角 ψ 作为折叠角，在模型其他参数确定的情况下进行分析。设基本模型单元个数 n 为 6，顶角 $\beta=80°$，$l=1.0b$，$a=0.95b$。根据式(6-35)~式(6-38)，以折叠角 ψ 为自变量，分析模型自折叠到展开过程中曲

率半径 R、跨度 S、矢高 H 和纵向展开长度 d 的变化规律。

在这里需要说明一点，由计算圆心角 γ 的公式(6-58)可知，线段 PQ 在模型展开过程中不断增大，而 $\triangle PMN$ 和 $\triangle QMN$ 中的垂线 PF 和 QF 的长度在模型展开过程中不断减小，可推知圆心角 γ 在不断增大，设基本单元个数为 n，当 $n\gamma \geqslant 2\pi$，即圆弧段首尾相连形成圆形后，计算跨度和矢高等已失去意义，因此图中仅给出跨度变化至 0 以前的变化趋势。

图 6-36 所示为变长度基本模型曲率半径随折叠角 ψ 的变化曲线，其纵坐标为基本模型曲率半径与单元宽度 b 的比值。由图可知，随着模型的不断展开，ψ 从 0° 增加至 170° 时的过程中，曲率半径从初始值 R_0 开始不断减小，当 ψ 增加至 170° 时，其圆心角为 360°，体系不能继续展开。从曲线的变化情况看，基本模型曲率半径随折叠角 ψ 的不断增加刚开始减小较为缓慢，随后几乎呈线性减小。

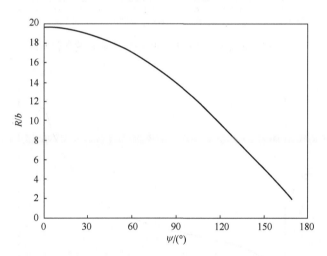

图 6-36　变长度基本模型曲率半径随折叠角 ψ 的变化曲线

图 6-37 所示为变长度基本模型跨度随折叠角 ψ 的变化规律。由图中曲线的变化情况可知，随着折叠角 ψ 的不断增大，模型的跨度经过了先增大后减小至 0 的两个阶段，第一阶段跨度 S 从 0 不断增大至最大值 S_{max}，第二阶段跨度 S 从最大值不断减小，至 $\psi = 170°$ 时减小为 0，此时模型形成一闭合圆弧。从图中还可以看出，当折叠角 ψ 在 60°~150° 时，其跨度 S 几乎没有变化。

变长度基本模型矢高随折叠角 ψ 的变化曲线如图 6-38 所示，其纵坐标为矢高与单元宽度 b 的比值。该模型从折叠至展开过程中，矢高不断增大至最大值，而后略微下降。其原因在于展开前期圆心角不断增加，且增加的速度大于曲率

半径 R 减小的速度，展开后期曲率半径 R 减小的速度加快，从而形成一小段矢高下降段。

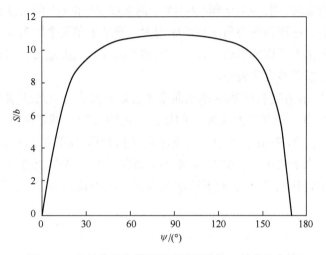

图 6-37　变长度基本模型跨度随折叠角 ψ 的变化曲线

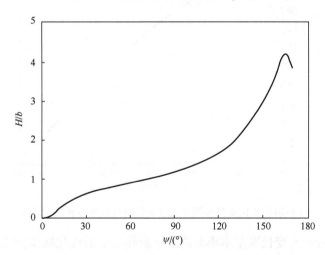

图 6-38　变长度基本模型矢高随折叠角 ψ 的变化曲线

图 6-39 所示为变长度基本模型纵向展开长度随折叠角 ψ 的变化曲线，其纵坐标为模型纵向展开长度与基本单元长度 l 的比值。折叠状态下纵向展开长度初始值 d_0 为 $0.347l$，纵向展开长度 d 随折叠角 ψ 的增加而增加，当折叠角 ψ 接近 $170°$ 时，其纵向展开长度接近 $2l$。

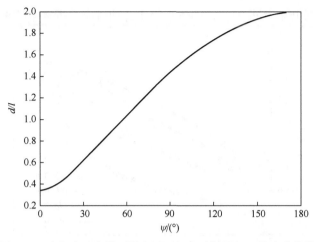

图 6-39　变长度基本模型纵向展开长度随折叠角 ψ 的变化曲线

6.4.3　参数分析

令 a 分别取为 $0.95b$、$0.90b$、$0.85b$ 和 $0.80b$，分析各模型在展开过程中跨度和矢高的变化规律，其展开过程中各变量的关系曲线如图 6-40～图 6-42 所示，由于在模型的设计中跨度、矢高和纵向展开长度的变化较为重要，故图中未列出曲率半径一项。

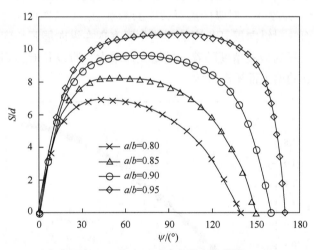

图 6-40　改变 a 时跨度的变化曲线

从图 6-40 中四条曲线的变化情况可以看出，随着 a 不断减小，跨度的最大值随之减小，且跨度最大值对应的折叠角也越来越小。四条曲线随着展开过程的进行呈现出相似的规律，即先从 0 增大至最大值后减小至 0。从图中还可以看出，随着展开过程的进行，系数 a 对跨度的影响越来越显著。随着 a 的减小，模型形成闭合状态的速度在不断加快，即体系停止运动对应的折叠角越来越小。

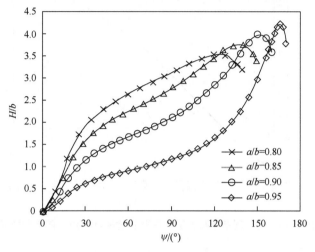

图 6-41　改变 a 时矢高的变化曲线

由图 6-41 中曲线特征可知，在 a 不同的情况下，矢高的变化趋势是相同的，都是随着体系的展开先增大后减小。而随着 a 的减小，体系所能达到的最大矢高也在不断地减小，其对应的折叠角也越来越小。而当体系展开程度较小时(折叠角较小时，如图 6-41 中 $\psi = 90°$ 的情况)，随着 a 的增大，矢高 H 是减小的。

图 6-42 所示为改变 a 对纵向展开长度的影响曲线。从图中可以看出，四条曲线基本重合。而 a 对纵向展开长度的影响主要表现在纵向展开长度的最大值上，由于体系所能展开的最大角度随着 a 的增大而增大，所以其能达到的最大纵向展开长度也随着 a 的增大而不断增大。

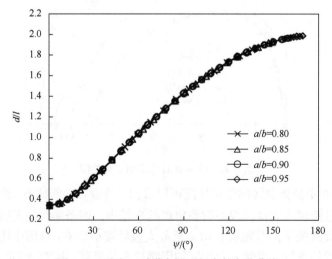

图 6-42　改变 a 时纵向展开长度的变化曲线

令 β 分别为 85°、80°、75°、70°和 65°，其余参数不变，分析各模型在展开过程中跨度和矢高的变化规律。其展开过程中各变量的关系曲线如图 6-43～图 6-45 所示，由于在模型的设计中跨度、矢高和纵向展开长度的变化较为重要，故图中未列出曲率半径一项。

从图 6-43 中五条曲线的变化情况可以看出，随着体系的不断展开，跨度呈现出相似的变化规律，即先从 0 增大至最大值，然后减小至 0。随着 β 的不断增加，跨度的最大值随之增大，且跨度最大值对应的折叠角也越来越小。从图中还可以看出，在体系展开的初期，β 对跨度的影响较为显著。而 β 对体系形成闭合状态的速度几乎没有影响，即体系停止运动对应的折叠角几乎不受 β 的影响。

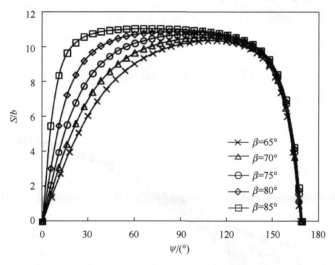

图 6-43　改变 β 时跨度的变化曲线

图 6-44 为 β 对体系展开过程中矢高的影响。从图中可以看出，在不同的情况下矢高的变化趋势是相同的，都是随着体系的展开先增大后减小。而 β 对矢高 H 的影响主要体现在折叠角较小时，即 ψ 在 0°～90°；在展开过程后期对矢高 H 的影响几乎可以忽略。由于体系的最大矢高是在折叠角较大时，所以 β 对体系的最大矢高 H_{max} 也没有影响。

改变 β 对纵向展开长度的影响曲线如图 6-45 所示。从图中可以看出，体系具有不同角度时，其纵向展开长度均随体系的不断展开而增大。随着 β 的不断增大，模型的初始纵向展开长度 d_0 逐渐降低，说明 β=85°时模型在折叠状态下所占的纵向展开长度尺寸最小，所达到的收缩效果最好。

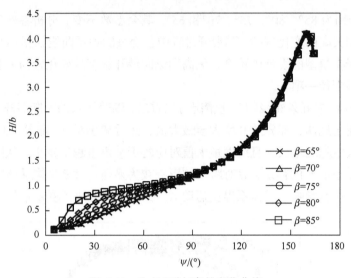

图 6-44　改变 β 时矢高的变化曲线

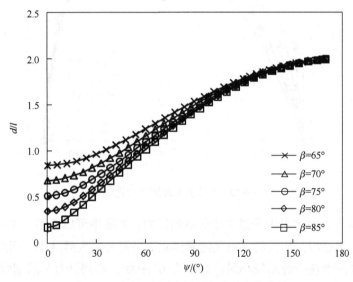

图 6-45　改变 β 时纵向展开长度的变化曲线

令 l 分别取 0.6b、0.8b、1.0b、1.2b 和 1.4b，其余参数不变，分析各模型在展开过程中跨度和矢高的变化规律，其展开过程中各变量的关系曲线如图 6-46～图 6-48 所示。

从图 6-46 中五条曲线的变化情况可以看出，随着体系的不断展开，跨度呈现出相似的变化规律，即先从 0 增大至最大值，然后减小至 0。随着 l 的不断增加，跨度的最大值随之增大，而且模型跨度最大值对应的折叠角也越来越大。从图中还可以看出，在体系展开的初期，l 对跨度的影响几乎可以忽略，即 ψ 在 0°～30°，五条曲线几乎是重合的。而且随着 l 的减小，模型形成闭合状态的速度在不断加快，即体系停止运动对应的折叠角越来越小。

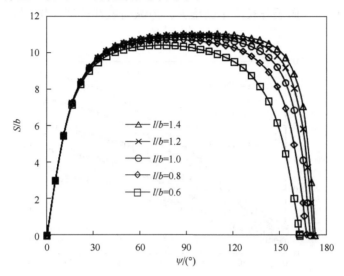

图 6-46　改变 l 时跨度的变化曲线

　　图 6-47 为体系展开过程中 l 对矢高的影响。从图中可以看出，在不同的情况下，矢高的变化趋势是相同的，都是随着体系的展开先增大后减小。在体系展开的绝大部分区域内，矢高 H 都是随着 l 的减小而不断增大的，基本单元长度 l 对体系的最大矢高的影响很小。但随着 l 的减小，体系的最大矢高出现的时间却相应提前，即最大矢高对应的折叠角随着 l 的减小而减小。

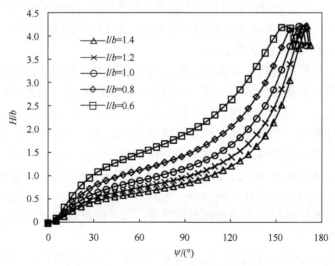

图 6-47　改变 l 时矢高的变化曲线

　　改变 l 对纵向展开长度的影响曲线如图 6-48 所示。从图中可以看出，体系具有不同 l 时，其纵向展开长度均是随着体系的不断展开而增大。随着 l 的不断增大，模型的初始纵向展开长度不断增大，但纵向展开长度 d 与 l 的比值即 d/l 却没有改变。

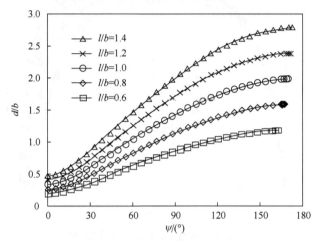

图 6-48　改变 l 时纵向展开长度的变化曲线

6.5　本章小结

　　本章利用两种改进的 Miura 折纸模型——变角度 Miura 折纸模型和变长度 Miura 折纸模型制作成在运动过程中具有一定曲率的折叠体系，并结合球面三角学原理对四面板的研究，将所推导的公式应用于两种折叠体系的几何分析及参数分析中。

　　(1) 变角度 Miura 折纸模型。

　　随着展开过程的进行，体系的曲率半径逐渐增大，近似呈指数增长；跨度在模型展开前期和后期增加较为平缓，中期近似呈线性增长；随着折叠角的增加，矢高经过了先增大后减小的两阶段变化过程；纵向展开长度前期迅速增大至接近最大纵向展开长度，后期缓慢增长直至模型完全展开，达到最大纵向展开长度。

　　改变基本单元的顶角 β_1 与 β_2 的取值对模型进行参数化分析发现，为获得较大的使用空间，即矢高 H 较大，折叠角的区域应该在 $90° \sim 120°$。随着 β_1 的增加以及 β_2 的减小，模型的跨度在不断减小；尤其对于折叠状态而言，此时跨度越小，即体系的收缩效果越好。而随着模型的展开，这种降低程度也减小，直至在完全展开状态时相等。

　　体系矢高的变化恰恰相反，随着角度差的增大，矢高有明显的提高。且矢高的最大值对应折叠角的数值也随着 β_1 的增加以及 β_2 的减小有所增大。所以建议在该模型的设计中，使两角度差及角度值尽量增大，为平衡这种设计对体系跨度的影响，折叠角的取值可取一个较大值，这样可使得模型在获得较大跨度的同时，得到较大的矢高值。

(2) 变长度 Miura 折纸模型。

随着体系的展开，体系的曲率半径逐渐减小。基本模型的跨度随着折叠角的增大先增大后减小；而且折叠角在 60°～120°，其跨度基本保持不变。模型从折叠至展开进程中，矢高不断增大至最大值，而后略有下降。其原因在于展开前期圆心角不断增加，且增加的速度大于曲率半径 R 减小的速度，展开后期曲率半径 R 减小的速度加快，从而形成了一小段矢高下降段。纵向展开长度基本随着体系的展开而线性增大，直至达到最大纵向展开长度。

改变基本单元宽度 a 的取值对模型进行参数化分析发现，随着 a 的增大，跨度和矢高的最大值均增大，而且体系形成闭合状态也有所延迟，即体系停止运动对应的折叠角也随之增大。改变基本单元顶角 β 的取值对模型进行参数化分析发现，随着 β 的增大，跨度的最大值随之增大，且跨度最大值对应的折叠角随之减小；而 β 的变化对体系矢高的影响可以忽略。改变基本单元长度 l 的取值对模型进行参数化分析发现，随着长度 l 的增大，跨度的最大值随之增大，且跨度最大值对应的折叠角随之增大。在体系展开的绝大部分区域内，矢高 H 都随 l 的减小而不断增大，但基本单元长度 l 对体系最大矢高的影响很小。

参 考 文 献

[1] Miura K. Method of packaging and deployment of large membrane in space[C]// 31st Congress of the International Astronautical Federation Membranes, Tokyo, 1980.

[2] Miura K. Folded map and atlas design based on the geometric principle[C]//Proceedings of the 20th International Cartographic Conference, Beijing, 2001.

[3] 韩运龙. 折叠板壳结构的设计与分析[D]. 南京: 东南大学, 2011.

[4] 赵孟良. 空间可展结构展开过程动力学理论分析、仿真及试验[D]. 杭州: 浙江大学, 2007.

[5] Pellegrino S, Guest S D. IUTAM-IASS Symposium on Deployable Structures: Theory and Applications[M]. Dordrecht: Kluwer Academic Publishers, 1998.

[6] 巴甫洛夫. 球面三角学[M]. 北京: 商务印书馆, 1953.

[7] Murata S. The theory of paper sculpture[J]. Bulletin of Junior College of Art, 1966, 4: 61-66.

[8] Fushimi K, Fushimi K M. Geometry of Origami[M]. Tokyo: Nihon Hyoron Sha, 1979.

[9] Huffman D. Curvature and creases: A primer on paper[J]. IEEE Transactions on Computers, 1976, 25(10): 1010-1019.

[10] Hull T. Project Origami: Activities for Exploring Mathematics[M]. Boca Raton: CRC Press, 2013.

[11] Clough-Smith J H. An Introduction to Spherical Trigonometry[M]. Glasgow: Brown, Son and Ferguson, 1978.

第 7 章 基于六折痕单元柱面壳结构研究

常见的折纸构型包括四折痕单元构型和六折痕单元构型。图 7-1 所示为采用经典六折痕单元构成的柱面壳结构示意图。早在 20 世纪 80 年代，Foster 等从轴向压缩圆柱壳的屈曲形式中发现这种折痕模式[1]。随后，Tonon 对经典六折痕单元组成的单向和双向弯曲体系的几何特性进行分析[2,3]。Guest 等对经典六折痕单元组成的闭合圆柱体的几何特性、受力性能进行理论分析和试验研究[4~6]。Kuribayashi 将该体系应用到医学领域[7]。Trometer 等将经典六折痕单元引入玻璃采光顶结构中[8]。本章将基于几种单个六折痕单元的几何分析，研究经典六折痕单元组成的柱面壳结构体系的运动过程及非规则六折痕单元组成的柱面壳结构体系的几何设计，分析体系的自由度并给出由机构向结构转变的方法。

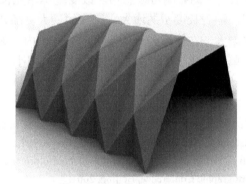

图 7-1 基于经典六折痕单元构成的柱面壳结构示意图

7.1 经典六折痕单元的几何设计

7.1.1 几何描述

图 7-2 所示为经典六折痕单元示意图，其中实线表示峰线，虚线表示谷线。图 7-2(a)为完全展开状态，即六折痕单元的平面状态，图 7-2(b)为部分展开状态。

图 7-2 中谷线和峰线之间的夹角 β 定义为六折痕单元顶角。图 7-2(b)中阴影部分单元与垂直面的夹角 θ 定义为折叠角，θ 在完全折叠时为 0°，在完全展开状态时为 90°。从图中可以看出，经典六折痕单元的顶角在运动过程中是不变的，但其在水平面和垂直面的投影是变化的。

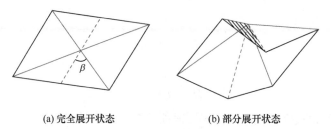

(a) 完全展开状态   (b) 部分展开状态

图 7-2　经典六折痕单元示意图

7.1.2　顶角的投影分析

顶角水平面和垂直面投影在运动过程中的变化如图 7-3 所示，其在垂直面的投影为 β'，在水平面的投影为 β''。

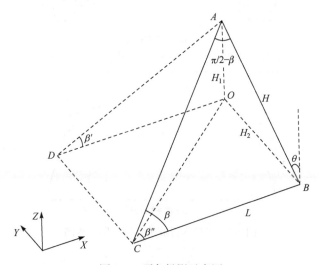

图 7-3　顶角投影示意图

由图 7-3 可知，在△ABC 中有

$$H = L \tan \beta \tag{7-1}$$

而在△OAB 中有

$$H_1 = H \cos \theta \tag{7-2}$$

在△OAD 中有

$$H_1 = L \tan \beta' \tag{7-3}$$

将式(7-1)和式(7-2)代入式(7-3)可得顶角在垂直面的投影为

$$\tan \beta' = \tan \beta \cos \theta \tag{7-4}$$

同样在△OAB中有

$$H_2 = H\sin\theta \tag{7-5}$$

在△OBC中有

$$H_2 = L\tan\beta'' \tag{7-6}$$

将式(7-1)和式(7-5)代入式(7-6)可得顶角在水平面的投影为

$$\tan\beta'' = \tan\beta\sin\theta \tag{7-7}$$

图7-4为经典六折痕单元在半展开状态时的水平面投影和垂直面投影示意图。

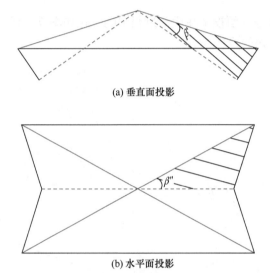

(a) 垂直面投影

(b) 水平面投影

图7-4　经典六折痕单元的投影示意图

7.2　柱面壳结构的几何分析

7.2.1　几何构成

图7-5为由经典六折痕单元组成的柱面壳结构折痕布置示意图，在长度和跨度方向分别排列基本单元就可以得到如图所示的结构。图中实线代表峰线，虚线代表谷线，单点划线长方形框标示的部分为经典六折痕单元。

该结构同样可以看成是由许多三角板相连构成的，三角板用销接相连，即三角板允许绕着相交线转动。假定跨度方向三角板数量为 p，图7-5中双点划线长方形框标示的为一行单元，其行数为 m，则图7-5所示的结构中 p 为7，m 为4。

图7-5中经六折痕单元的顶角分别为 β_1、β_2、β_3、β_4、β_5 和 β_6。这些顶角可以相等，此时为经典六折痕单元；也可以不相等，此时为不规则六折痕单元。本节

讨论顶角相等的情况，所述六折痕单元均为经典六折痕单元；7.3 节讨论顶角不相等的情况，主要研究不规则六折痕单元。

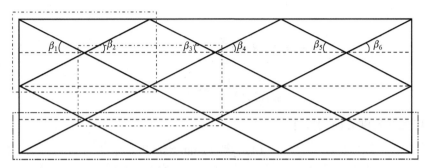

图 7-5 经典六折痕单元组成的柱面壳结构折痕布置示意图

7.2.2 几何设计

图 7-6 所示为柱面壳结构完全展开时的俯视图及部分展开状态时的剖面图。图中表示了经典六折痕单元顶角的垂直面投影。剖面图中各三角形顶点的连线为一圆弧，其圆心角为

$$\alpha = 2(p-1)\beta' \tag{7-8}$$

则其曲率半径的长度为

$$R = \frac{L}{\sin(2\beta')} \tag{7-9}$$

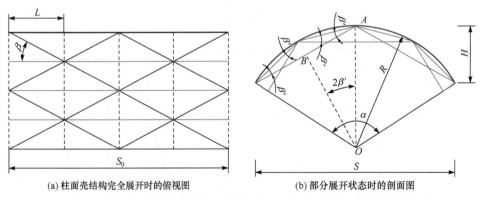

(a) 柱面壳结构完全展开时的俯视图　　　　(b) 部分展开状态时的剖面图

图 7-6 柱面壳结构完全展开时的俯视图及部分展开状态时的剖面图

由图 7-6 可知，其跨度为

$$S = 2R\sin\frac{\alpha}{2} \tag{7-10}$$

将式(7-8)和式(7-9)代入式(7-10)可得

$$S = 2\frac{L}{\sin(2\beta')}\sin\left[(p-1)\beta'\right] \tag{7-11}$$

而其矢高为

$$
\begin{aligned}
H &= R - R\cos\frac{\alpha}{2} \\
&= \frac{L}{\sin(2\beta')}\left\{1 - \cos\left[(p-1)\beta'\right]\right\}
\end{aligned} \tag{7-12}
$$

单元在长度方向的尺寸为

$$w = L\tan\beta'' = L\tan\beta\sin\theta \tag{7-13}$$

整体结构的纵向展开长度为

$$W = mw = mL\tan\beta\sin\theta \tag{7-14}$$

假定结构的 $p=7$，$m=4$，$\beta=30°$，以单元折叠角 θ 为自变量，其曲率半径、跨度、矢高和纵向展开长度的变化规律如下。

图 7-7 为曲率半径随折叠角 θ 的变化曲线，纵坐标为曲率半径 R 与 L 的比值。由图可知，随着模型的不断展开，θ 从 0° 增加到 90° 的过程中，曲率半径从初始值 R_0 不断增大，直至模型完全展开时趋于无穷大。从曲线的变化情况看，当 θ 较小时，曲率半径变化不大，当 θ 接近 90°时，曲率半径呈指数增长。由式(7-4)和式(7-9)，可以求得曲率半径的初始值为

$$R_0 = \frac{2L}{\sqrt{3}} \tag{7-15}$$

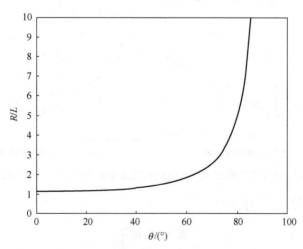

图 7-7　曲率半径随折叠角 θ 的变化曲线

体系跨度 S 随折叠角 θ 的变化曲线如图 7-8 所示，纵坐标为体系跨度 S 与 L 的比值。体系从折叠至展开过程中，跨度 S 逐渐增大，直至体系完全展开时达到 $S_0=(p-1)L$。由于本算例中 $p=7$，所以完全展开状态的跨度为 $6L$。跨度的变化规律基本呈正弦曲线增长。

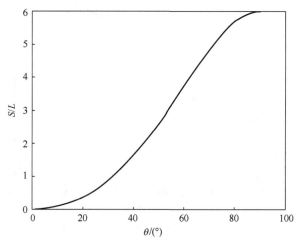

图 7-8　体系跨度随折叠角 θ 的变化曲线

如图 7-9 所示，随着折叠角 θ 的不断增大，模型的矢高经过了先增大后减小至 0 两个阶段。第一阶段为矢高增大到最大值，在这一阶段其变化范围不大；第二阶段矢高从最大值不断减小，至最后体系完全展开至平板，矢高减小至 0。

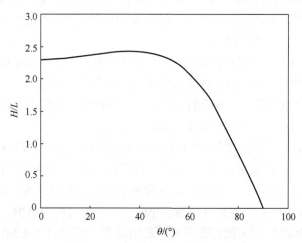

图 7-9　矢高随折叠角 θ 的变化曲线

图 7-10 所示为体系纵向展开长度随折叠角 θ 的变化曲线，纵坐标为纵向展

开长度 W 与 L 的比值。在完全折叠状态下，体系纵向展开长度的初始值为 0，随后基本呈线性变化。当 θ 接近 90° 时，其变化趋势变得十分缓慢。模型完全展开时其纵向展开长度为 $mL\tan\beta$。

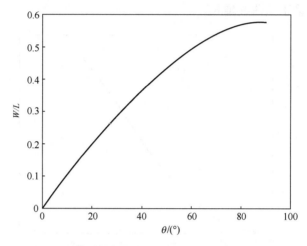

图 7-10　体系纵向展开长度随折叠角 θ 的变化曲线

7.2.3　参数分析

本节将讨论经典六折痕单元顶角 β 和跨度方向三角板数量 p 对柱面壳结构曲率半径、跨度、矢高和纵向展开长度的影响。

选取单元顶角 β 为 10°、20°、30° 和 40°，其余参数不变，形成四种模型。模型从完全折叠状态至完全展开状态，即 θ 从 0° 增加到 90° 的过程中，各个变量的变化曲线如图 7-11～图 7-14 所示。

如图 7-11 所示，经典六折痕单元顶角 β 不同时，体系曲率半径随折叠角 θ 的变化规律基本相似，均是随着体系的展开，曲率半径不断增大。从图中四条曲线的变化情况还可以发现，在完全折叠状态时，其曲率半径随着 β 的增大而减小；且在 θ 相同的情况下，其曲率半径也随着 β 的增大而减小。

图 7-12 所示为顶角不同时体系跨度的变化曲线，从图中可以看出，随着顶角的不断增大，模型完全折叠时的初始跨度逐渐减小，说明顶角越大其收缩效果越好。但模型完全展开时的跨度没有随着顶角的变化而变化。需要指出的是，对 β 为 40° 的模型而言，当其折叠角较小时，其跨度可能为负数，即模型发生相互穿透。但实际结构不可能存在相互穿透的情况，所以其 θ 的范围会有一定的限制。从图中还可以看出，四条曲线随着体系的展开呈现相同的变化规律，但随着 β 的增大，体系跨度变化幅度更加明显。

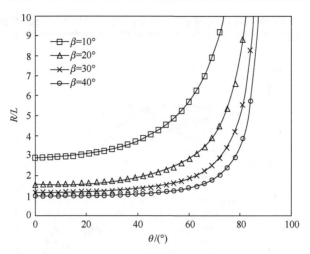

图 7-11 顶角不同时曲率半径的变化曲线

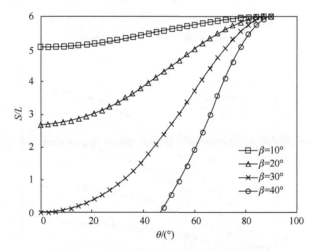

图 7-12 顶角不同时体系跨度的变化曲线

β 的改变对矢高的影响如图 7-13 所示。当 β 等于 30° 和 40° 时，随着 θ 的不断增大，模型的矢高经过了先增大后减小至 0 的过程。而当 β 等于 10° 和 20° 时，随着体系的不断展开，模型的矢高不断减小。当体系完全展开时，所有模型的矢高都为 0。当体系完全折叠时，β 为 10°、20°、30° 和 40° 所对应的矢高分别为 1.46L、2.33L、2.31L 和 1.52L。需要指出的是，β 为 40° 时，折叠角 θ 不可能为 0°，即体系不能完全折叠，所以其对应的矢高没有意义。而当 β 为 30°，体系完全折叠时，其圆心角正好为 360°，故其矢高为 2R，即 2.31L。

图 7-14 所示为改变顶角 β 对纵向展开长度的影响。从图中可以看出，所有曲线的规律基本相似，都是随着 θ 的增大，体系的纵向展开长度不断增大。在体系

完全折叠时，所有模型的纵向展开长度都为 0，而在体系完全展开时，其纵向展开长度均为 $mL\tan\beta$。

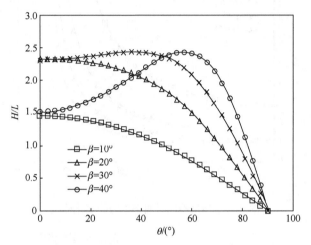

图 7-13　顶角不同时矢高的变化曲线

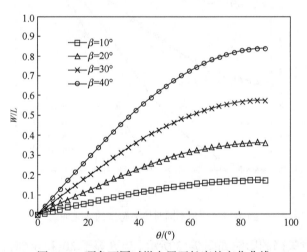

图 7-14　顶角不同时纵向展开长度的变化曲线

模型选取不同的三角板数量 p，分别为 5、7、9 和 11。其余参数不变，模型从完全折叠状态至完全展开状态，θ 从 0° 增加到 90° 的过程中，各个变量的变化曲线如图 7-15～图 7-18 所示。

图 7-15 所示为 p 不同时体系曲率半径随折叠角 θ 的变化曲线。从图中可以看出，体系曲率半径 R 不受 p 的影响。p 不同时体系跨度随折叠角 θ 的变化曲线如图 7-16 所示。从图中可以看出，四条曲线随着体系的展开呈现相同的变化规律，都是随 θ 的增大而增大，但随 p 的增大，其变化幅度更加明显。需要指出的是，对 p

为 9 和 11 的模型而言,当 θ 较小时,模型跨度可能为负数,即模型发生相互穿透。但实际结构不可能存在相互穿透的情况,所以其 θ 的范围会有一定的限制。

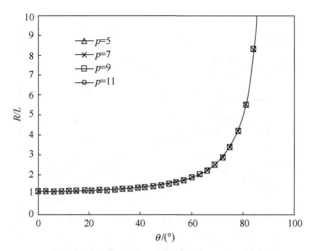

图 7-15　p 不同时体系曲率半径随折叠角的变化曲线

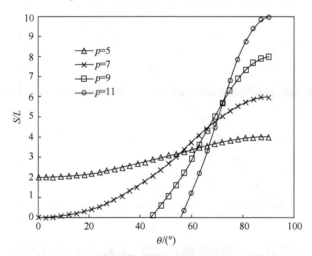

图 7-16　p 不同时体系跨度随折叠角的变化曲线

　　三角板数量 p 对矢高的影响如图 7-17 所示。当 p 为 7、9 和 11 时,随着 θ 的不断增大,模型的矢高经过了先增大后减小至 0 的过程。而当 p 为 5 时,随着体系的不断展开,模型的矢高不断减小。当体系完全展开时,所有模型的矢高都为 0。而当体系完全折叠时,p 为 5、7、9 和 11 所对应的矢高分别为:1.73L、2.31L、1.73L 和 0.58L。需要指出的是,p 为 9 和 11 时,θ 不可能为 0°,即体系不能完全折叠,所以其对应的矢高没有意义。图 7-18 所示为三角板数量 p 不同时体系纵向

展开长度随折叠角 θ 的变化规律。从图中可以看出，体系的纵向展开长度 W 不受三角板数量 p 的影响。

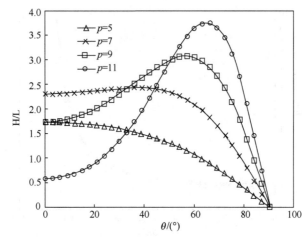

图 7-17　p 不同时模型矢高随折叠角的变化曲线

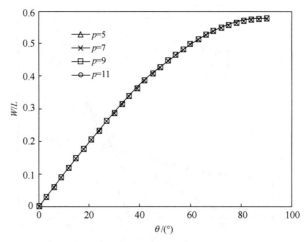

图 7-18　p 不同时体系纵向展开长度随折叠角的变化曲线

7.2.4　运动界线

　　由 7.2.3 节的分析可知，有些模型当折叠角 θ 较小时，其圆心角将大于 360°，模型将相互穿透。而实际结构中不可能存在模型的相互穿透，从而当体系的圆心角等于 360° 后，模型将不能进行进一步的折叠。下面讨论体系不能折叠时 θ 的临界值。由式(7-8)可知，圆心角等于 360° 可表示为

$$2(p-1)\beta' = 2\pi \tag{7-16}$$

从而可以得到

$$\beta' = \frac{\pi}{p-1} \tag{7-17}$$

将式(7-17)代入式(7-4)可得

$$\tan\left(\frac{\pi}{p-1}\right) = \tan\beta\cos\theta \tag{7-18}$$

所以 θ 的临界值 θ_1 为

$$\theta_1 = \arccos\frac{\tan\left(\dfrac{\pi}{p-1}\right)}{\tan\beta} \tag{7-19}$$

这里先讨论一种特殊情况，体系完全折叠时，其圆心角为 360°，即折叠角 θ 的临界值为 0°，代入式(7-19)，可以得到顶角 β 为

$$\beta = \frac{\pi}{p-1} \tag{7-20}$$

由式(7-20)可知，此时顶角的大小只与三角板数量 p 有关。表 7-1 给出了 p 和顶角 β 的对应关系。表 7-2 给出了不同 p 时(p=5、7 和 9)体系完全折叠的示意图。

表 7-1　完全折叠状态下体系圆心角为 360°时三角板数量 p 和顶角 β 的关系

三角板数量 p	顶角 β/(°)
5	45
7	30
9	22.5
11	18
13	15

当经典六折痕模型顶角 β 小于式(7-20)或者表 7-1 中数值时，体系的圆心角都小于 360°，即体系的折叠和展开不受限制。而当顶角 β 大于式(7-20)或者表 7-1 中数值时，体系的临界折叠角 θ_1 将受到限制，其数值可以通过式(7-19)计算。

图 7-19 所示为体系临界折叠角 θ_1 与顶角 β 的关系曲线。由图可知，随着经典六折痕单元顶角的增大，其临界折叠角也在不断增大，即体系从完全展开状态开始可折叠的范围在不断减小。而且当基本单元顶角接近式(7-20)的数值时，临界折叠角的变化非常迅速。

表 7-2 三角板数量 *p* 与体系折叠状态几何特性的关系

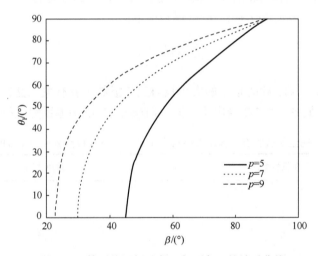

三角板数量 *p*	*p*=5	*p*=7	*p*=9
三角板几何形状	90° 45°	120° 30°	135° 22.5°
完全折叠状态下的结构体系			

图 7-19 体系临界折叠角 θ_1 与顶角 β 的关系曲线

7.3 基于不规则六折痕单元柱面壳结构的几何设计

前面讨论的结构都是基于经典六折痕单元,即每个单元的几何参数都一致。在半展开状态时,其剖面图最外圈节点位于一段圆弧线上,而当其最外圈节点位于椭圆或者抛物线上时,则在结构高度一致时,体系拥有更大的内部空间。

当六折痕单元顶角 β 各不相同时,体系在半展开状态最外圈节点的连线为一类似椭圆形状,如图 7-20 所示,其剖面图可以由作图法给出,如图 7-21 所示。

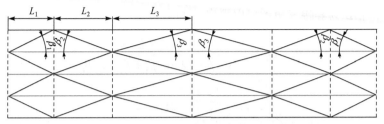

图 7-20　基于不规则六折痕单元柱面壳结构示意图

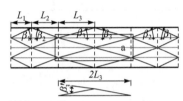

(a) 实线长方形区域a内单元示意图及其剖面图

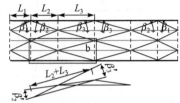

(b) 实线长方形区域b内单元示意图及其剖面图

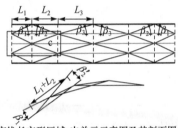

(c) 实线长方形区域c内单元示意图及其剖面图

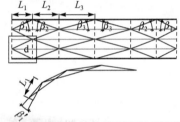

(d) 实线长方形区域d内单元示意图及其剖面图

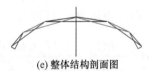

(e) 整体结构剖面图

图 7-21　结构体系单元示意图、剖面图及整体结构剖面图

由不规则六折痕单元组成柱面壳结构的矢高和跨度的计算简图如图 7-22 所示。由图可知，在 $\triangle ABC$ 中

$$\frac{AC}{\sin \angle ABC} = \frac{AB}{\sin \angle ACB} = \frac{BC}{\sin \angle BAC} \tag{7-21}$$

由图 7-21 和图 7-22 可知，AC 的长度为 $L_1 + L_2$，则 AB 和 BC 的长度为

$$\begin{cases} AB = \dfrac{(L_1 + L_2)\sin \beta_2'}{\sin(\beta_1' + \beta_2')} \\[3mm] BC = \dfrac{(L_1 + L_2)\sin \beta_1'}{\sin(\beta_1' + \beta_2')} \end{cases} \tag{7-22}$$

由△O_1AB 为等腰三角形可以得出 R_1 的长度为

$$R_1 = O_1 A = \frac{AB}{2\sin\beta_1'} = \frac{(L_1 + L_2)\sin\beta_2'}{2\sin(\beta_1' + \beta_2')\sin\beta_1'} \tag{7-23}$$

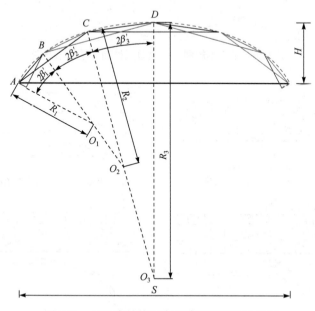

图 7-22　柱面壳结构矢高和跨度的计算示意图

由△O_2BC 为等腰三角形可以得出 R_2 的长度为

$$R_2 = O_2 B = \frac{BC}{2\sin\beta_2'} = \frac{(L_1 + L_2)\sin\beta_1'}{2\sin(\beta_1' + \beta_2')\sin\beta_2'} \tag{7-24}$$

在△BCD 中

$$\frac{CD}{\sin\angle DBC} = \frac{BD}{\sin\angle DCB} \tag{7-25}$$

由前面的讨论已知，BD 的长度为 L_2+L_3，则 CD 的长度为

$$CD = \frac{(L_2 + L_3)\sin\beta_2'}{\sin(\beta_2' + \beta_3')} \tag{7-26}$$

由△O_3CD 为等腰三角形可以得出 R_3 的长度为

$$R_3 = O_3 C = \frac{CD}{2\sin\beta_3'} = \frac{(L_2 + L_3)\sin\beta_2'}{2\sin(\beta_2' + \beta_3')\sin\beta_3'} \tag{7-27}$$

由图 7-22 可知，求得 R_1、R_2 和 R_3 后，可以方便地求出矢高 H 和跨度 S，本章不再赘述。

7.4 自由度分析

前面分析时都假定各个六折痕单元在运动过程中的折叠角 θ 相等。如果体系是单自由度体系，则自动满足其折叠角相等；如果是多自由度体系，则需要施加其他约束。另外，还需要考虑体系在达到预定机构构型后，是否满足能够承受荷载结构的自由度要求(自由度不大于 0)。

进行自由度分析时可以将三角板简化为铰接的三根压杆,其计算简图如图 7-23 所示，当 m 为偶数时有两种模式，分别为模式 A 和模式 B；当 m 为奇数时，有一种模式，为图 7-23 中的模式 C。体系自由度可采用 Maxwell 判别式进行计算：

$$D = 3j - k \tag{7-28}$$

式中, j 为节点数; k 为杆件数。式(7-28)只是给出了最小自由度，体系中有可能存在超静定次数，这种情况可采用文献[9]的方法计算。

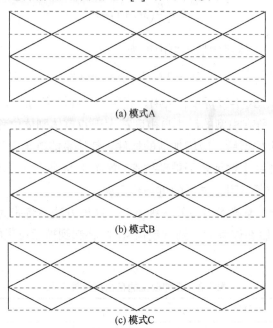

(a) 模式A

(b) 模式B

(c) 模式C

图 7-23　体系自由度计算简图

对于模式 A，其节点数和杆件数分别为

$$\begin{cases} j = \dfrac{p}{2}(m+1) + m + \dfrac{1}{2} \\ k = \dfrac{p}{2}(3m+1) + m - \dfrac{1}{2} \end{cases} \tag{7-29}$$

则可以得到模式 A 下体系的最小自由度为

$$D_A = 3j - k = p + 2m + 2 \tag{7-30}$$

对于模式 B，其节点数和杆件数分别为

$$\begin{cases} j = \dfrac{p}{2}(m+1) + m + \dfrac{3}{2} \\ k = \dfrac{p}{2}(3m+1) + m + \dfrac{1}{2} \end{cases} \tag{7-31}$$

则可以得到模式 B 下体系的最小自由度为

$$D_B = 3j - k = p + 2m + 4 \tag{7-32}$$

对于模式 C，其节点数和杆件数分别为

$$\begin{cases} j = \dfrac{p}{2}(m+1) + m + 1 \\ k = \dfrac{p}{2}(3m+1) + m \end{cases} \tag{7-33}$$

则可以得到模式 C 下体系的最小自由度为

$$D_C = 3j - k = p + 2m + 3 \tag{7-34}$$

利用式(7-30)、式(7-32)和式(7-34)计算所得三种模型的最小自由度见表 7-3。从表中可以看出，所有模型的最小自由度都大于 6(整体刚体位移模态的数目)。所以体系在达到预定构型后，应增加新的杆件，使体系能够承受外荷载的作用。其中一种方法是在体系中增加若干被动拉索，如图 7-24 所示。当体系达到预定构型时，被动拉索被拉紧，阻止体系的进一步运动。

de Temmerman 等曾提出另外一种方法，这种方法是将张力膜作为体系的覆盖材料，这样张力膜在体系运动到指定构型时，将起到被动拉索的作用，如图 7-25 所示[10,11]。

表 7-3　三种模型的自由度计算结果

模式	单元行数	$p=5$	$p=7$	$p=9$	$p=11$
	$m=2$	11	13	15	17
模式 A	$m=4$	15	17	19	21
	$m=6$	19	21	23	25
	$m=2$	13	15	17	19
模式 B	$m=4$	17	19	21	23
	$m=6$	21	23	25	27

续表

模式	单元行数	$p=5$	$p=7$	$p=9$	$p=11$
	$m=1$	10	12	14	16
模式 C	$m=3$	14	16	18	20
	$m=5$	18	20	22	24

图 7-24　体系中施加被动拉索示意图

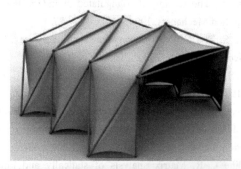

图 7-25　体系中加入张力膜结构示意图[11]

7.5　本章小结

　　本章对基于六折痕单元的柱面壳结构的几何设计进行了深入研究，并给出了基于不规则六折痕单元折叠体系的设计方法，讨论了体系的自由度以及从机构向结构转变的方法。通过本章分析可以得到如下结论。

　　(1) 随着体系的展开，曲率半径逐渐增大，开始时其值变化较小，后期呈近似指数增长；跨度在模型展开前期和后期增加较为平缓，中期近似呈线性增长；随着折叠角的增加，矢高经过了先增大后减小的两阶段变化过程；纵向展开长度随着体系的展开逐步增大直至达到最大纵向展开长度。

　　(2) 改变经典六折痕单元顶角 β 的取值，对模型进行参数化分析。随着顶角 β 的增大模型的跨度在不断减小；尤其对于完全折叠状态而言，此时跨度越小，即体系的收缩效果越好。而体系矢高的变化恰恰相反，随着角度的增大，矢高有明显的提高，且矢高最大值对应折叠角的数值也随 β 的增加有所增大。

　　(3) 改变三角板数目 p 的取值，对模型进行参数化分析。随着三角板数目的增加，其跨度变化范围急剧增大；而体系的运动范围，即折叠角的变化范围随之减小。体系的矢高随着三角板数目 p 的增大有明显的提高，且矢高最大值对应折叠角的数值也随着 p 的增加有所增大。

(4) 本章最后给出了两种减小体系自由度，即使体系从机构向结构转变的方法。

参 考 文 献

[1] Foster C G, Krishnakumar S. A class of transportable demountable structures[J]. International Journal of Space Structures, 1987, 2(3): 129-137.

[2] Tonon O L. Geometry of spatial folded forms[J]. International Journal of Space Structures, 1991, 6(3): 227-240.

[3] Tonon O L. Geometry of spatial structures 4[M]. London: Thomas Telford.

[4] Guest S D, Pellegrino S. The folding of triangulated cylinders. Part I: Geometric considerations[J]. Journal of Applied Mechanics, 1994, 61(4): 773-777.

[5] Guest S D, Pellegrino S. The folding of triangulated cylinders. Part II: The folding process[J]. Journal of Applied Mechanics, 1994, 61(4): 778-783.

[6] Guest S D, Pellegrino S. The folding of triangulated cylinders. Part III: Experiments[J]. Journal of Applied Mechanics, 1996, 63(1): 77-83.

[7] Kuribayashi K. A Novel Foldable Stent Graft[D]. Oxford: Oxford University, 2004.

[8] Trometer S, Krupna M. Development and design of glass folded plate structures[J]. Journal of the International Association for Shell and Spatial Structures, 2006, 47(3): 253-260.

[9] Pellegrino S, Calladine C R. Matrix analysis of statically and kinematically indeterminate frameworks[J]. International Journal of Solids and Structures, 1986, 22(4): 409-428.

[10] de Temmerman N, Mollaert M, Mele T V, et al. Design and analysis of a foldable mobile shelter system[J]. International Journal of Space Structures, 2007, 22(3): 161-168.

[11] de Temmerman N. Design and Analysis of Deployable Bar Structures for Mobile Architectural Applications[D]. Bruxelles: Vrije Universiteit Brussel, 2007.

第8章 折纸型曲面顶篷结构研究

在当今的科研与工程实践中，学科交叉更容易产生新思想和新创造。第2章介绍了学者和工程师将折纸与机械、材料和建筑等进行交叉融合，创造出一系列实用的新型结构。本章将建筑与折纸相融合，研究如何采用折纸单元设计满足建筑需求的曲面顶篷结构。

8.1 建筑顶篷结构设计方案

随着可展结构的发展，现代建筑结构中，顶篷不仅承担着形成结构体系、遮蔽风雨的基本功能，还可以通过伸缩变形等运动，实现主动采光、改变形态、变换室内光影效果等功能。折纸理论及技术在这方面有着广阔的应用。图 8-1(a)所示为某顶篷的原始结构设计方案，结构的功能区分如图 8-1(b)所示。该模型顶篷的采光口通过伸缩运动可调节室内采光效果。结构方案采用帆布形成曲面，无法实现曲面的展开与收纳。

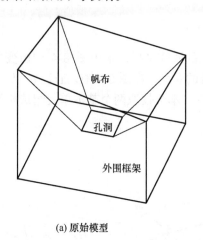

(a) 原始模型

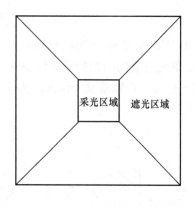

(b) 结构功能区分

图 8-1 某顶篷结构设计方案

本章通过研究变角度 Miura 单元的几何性质、展开运动学特点及运动的相容性，对原始方案进行了改进，新方案可满足顶篷采光口的展开与收纳功能，如图 8-2(a) 所示，顶篷的运动过程如图 8-2(b) 所示。

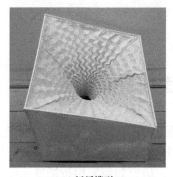

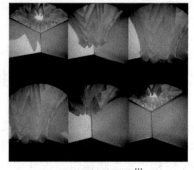

(a) 折纸模型　　　　　　　　　　(b) 顶篷的运动过程[1]

图 8-2　基于变角度 Miura 单元的新方案

8.2　基于变角度 Miura 折纸单元的旋转曲面设计

8.2.1　旋转曲面的几何设计

图 8-3 所示为三维旋转曲面模型，该曲面的方程可表示为

$$\frac{x^2 + y^2}{a_1^2} - \frac{z^2}{a_2^2} = 1 \tag{8-1}$$

当 $y=0$ 时，可以得到曲面在 XZ 平面投影轮廓的曲线方程：

$$\frac{x^2}{a_1^2} - \frac{z^2}{a_2^2} = 1 \tag{8-2}$$

根据第 6 章对变角度 Miura 折纸单元的研究结果，采用图 8-4 中由变角度 Miura 单元组成的曲面构型设计双曲线形成的曲面。在图 8-4 中，通过 a、b、$\cdots$、h 做一平面，Y 轴垂直于该面。为简化讨论，本节仅取两个基本单元组成构型进行研究。

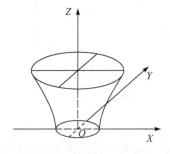

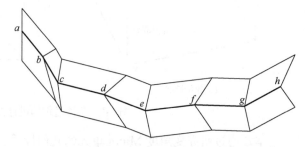

图 8-3　旋转曲面几何模型　　　　　图 8-4　变角度 Miura 单元组成的曲面构型

如图 8-5 所示，如果 θ 固定，令 $ab=bc=cd=de=1\mathrm{m}$，$R_1=2\mathrm{m}$，$\theta=90°$，$\beta_1=\beta_3=80°$，

β_2 作为未知量，讨论在该体系折叠过程中，为了实现旋转曲面的形态，β_2 的大小随 ρ_{BC} 的变化过程。

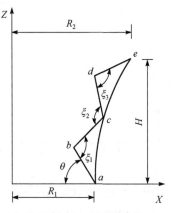

图 8-5 中心线平面

a 点坐标为 $(2，0)$，其余各点坐标可以通过各条线段之间的夹角和线段的长度来确定。当 $\theta=90°$时，b 点的坐标为 $(2，1)$，ξ_1 可以根据式 (8-3) 求得

$$\begin{aligned}\cos\xi_1 &= -\cos^2\beta_1 + \sin^2\beta_1 \cos(\pi - \rho_{BC}) \\ &= -\cos^2\beta_1 - \sin^2\beta_1 \cos\rho_{BC}\end{aligned}$$
(8-3)

从而得到 c 点的坐标为 $(2+\cos(\xi_1-\pi/2)，1+\sin(\xi_1-\pi/2))$。

将 a、c 两点的坐标代入 $\dfrac{x^2}{a_1^2} - \dfrac{z^2}{a_2^2} = 1$，可求得此时的旋转曲面方程为

$$\begin{cases}\dfrac{x_a^2}{a_1^2} - \dfrac{z_a^2}{a_2^2} = 1 \\[2mm] \dfrac{x_c^2}{a_1^2} - \dfrac{z_c^2}{a_2^2} = 1\end{cases}$$
(8-4)

根据式 (8-4) 可以求得 a_1 和 a_2 的数值，从而确定该状态下的旋转曲面方程。在此基础上，根据式 (8-5) 求出 e 点的坐标：

$$\begin{cases}(x - x_c)^2 + (z - z_c)^2 = (x_c - 2)^2 + y_c^2 \\[2mm] \dfrac{x_e^2}{a_1^2} - \dfrac{z_e^2}{a_2^2} = 1\end{cases}$$
(8-5)

ξ_1 和 ξ_3 可由 6.3 节得到，故 ξ_2 为 $\dfrac{\xi_1+\xi_3}{2} + 2\left(\dfrac{\xi_1}{2} - \arctan\dfrac{z_e}{y_e}\right)$。不同的折叠角 ρ_{BC}

都有一个相应的 β_2 和旋转曲面，β_2 随 ρ_{BC} 的变化曲线如图 8-6 所示。

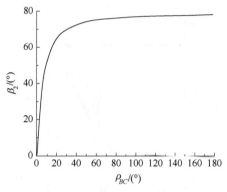

图 8-6　β_2 随 ρ_{BC} 的变化曲线

　　为满足旋转曲面构型，β_2 在展开初始阶段增长迅速，当展开到 20° 之后 β_2 无限接近 80°，但 β_2 不会等于 80°，若等于 80°，则 a、c、e 点共线且 $\beta_1=\beta_2=\beta_3=80°$，无法形成曲面。$e$ 点坐标可用 R_2 和 H 表示，R_2 为结构半径，H 为结构高度。根据以上假定，对于某折叠角 ρ_{BC}，可得到相应的旋转曲面及 R_2 和 H。图 8-7 所示为 R_2 和 H 随折叠角 ρ_{BC} 的变化曲线。随着折叠角 ρ_{BC} 变大，基本构型的高度 H 逐渐减小，其减小的速率在开始和末端较慢，中间较快；R_2 随 ρ_{BC} 的变大先增加后减小，当 ρ_{BC} 约为 80° 时，R_2 取得最大值。

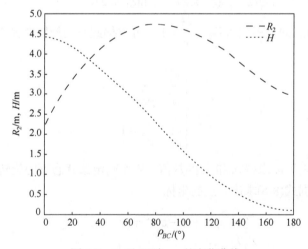

图 8-7　R_2 及 H 随 ρ_{BC} 的变化曲线

8.2.2　旋转曲面几何参数分析

　　8.2.1 节讨论了 θ、R_1 和 β_1、β_2 确定的情况下，R_2 和 H 两个曲线参数与单元

折叠角 ρ_{BC} 的关系。本节将讨论当 R_2 和 H 确定时，即模型的尺寸已经确定，曲面为给定形状，β_1、β_2、β_3 的变化关系，分以下两种情况进行讨论。

(1) $\beta_1 = \beta_3$。

假定 $l_{ab} = l_{bc} = l_{cd} = l_{de} = l$，$R_1 = 2$，$\theta = 90°$，则 a、c 和 e 点的坐标分别为 $(2,0)$、$(2+l\cos(\xi_1-\pi/2), l+l\sin(\xi_1-\pi/2))$、$(2+l\cos(\xi_1-\pi/2)+2l\sin(\xi_1/2)\cos(3\xi_1/2-\xi_2), l+l\sin(\xi_1-\pi/2)+2l\sin(\xi_1/2)\sin(3\xi_1/2-\xi_2))$。当 R_2 和 H 确定时，可以得到以下关系式：

$$
\begin{cases}
\dfrac{4}{m^2} - \dfrac{0}{n^2} = 1 \\[2mm]
\dfrac{\left[2+l\cos(\xi_1-\pi/2)\right]^2}{m^2} - \dfrac{\left[l+l\sin(\xi_1-\pi/2)\right]^2}{n^2} = 1 \\[2mm]
2+l\cos(\xi_1-\pi/2)+2l\sin(\xi_1/2)\cos(3\xi_1/2-\xi_2) = R_2 \\[2mm]
\dfrac{\left[2+l\cos(\xi_1-\pi/2)+2l\sin(\xi_1/2)\cos(3\xi_1/2-\xi_2)\right]^2}{m^2} \\[2mm]
\quad - \dfrac{\left[l+l\sin(\xi_1-\pi/2)+2l\sin(\xi_1/2)\sin(3\xi_1/2-\xi_2)\right]^2}{n^2} = 1 \\[2mm]
l+l\sin(\xi_1-\pi/2)+2l\sin(\xi_1/2)\sin(3\xi_1/2-\xi_2) = H
\end{cases}
\tag{8-6}
$$

假定 $R_2 = 3.5\text{m}$，$H = 2.5\text{m}$，$\rho_{BC} = 60°$，由最小平方根法可解得 $\xi_1 = \xi_3 = 136.56°$，$\xi_2 = 155.04°$，$c = 1.74$，$l = 0.79$。结合 6.3 节，可解得 β_1、β_2、β_3 的值为 $\beta_1 = \beta_3 = 47.73°$，$\beta_2 = 31.44°$，从而可确定结构的几何形状。$\beta_1$、$\beta_2$、$\beta_3$ 随折叠过程的变化曲线如图 8-8 所示。

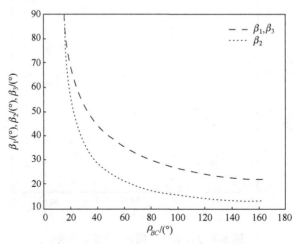

图 8-8　β_1、β_2、β_3 随 ρ_{BC} 的变化曲线（$\beta_1 = \beta_3$）

由图 8-8 可以看出，对于给定的 R_2 和 H，β_1、β_2、β_3 随折叠角增大而减小，并且由于横坐标小于 R_2 所对应的折叠角，所以当折叠角很小时不存在相应的构型。由图可知，当完全折叠时，β_1 和 β_2 分别为 22°和 13°。

(2) β_1、β_2、β_3 等差。

假定 $\beta_1-\beta_2=\beta_2-\beta_3=\omega$，$\theta=90°$，$R_1=2$，$l_{ab}=l_{bc}=l_{cd}=l_{de}=l$，则当 R_2 和 H 确定时，a、c、e 点的坐标也是确定的，可以得到如下关系式：

$$
\begin{cases}
\dfrac{4}{m^2}-\dfrac{0}{n^2}=1 \\[2mm]
\dfrac{\left[2+l\cos(\xi_1-\pi/2)\right]^2}{m^2}-\dfrac{\left[l+l\sin(\xi_1-\pi/2)\right]^2}{n^2}=1 \\[2mm]
2+l\cos(\xi_1-\pi/2)+2l\sin(\xi_3/2)\cos(\xi_1+\xi_3/2-\xi_2)=R_2 \\[2mm]
\dfrac{\left[2+l\cos(\xi_1-\pi/2)+2l\sin(\xi_3/2)\cos(\xi_1+\xi_3/2-\xi_2)\right]^2}{m^2} \\[2mm]
\quad -\dfrac{\left[l+l\sin(\xi_1-\pi/2)+2l\sin(\xi_3/2)\sin(\xi_1+\xi_3/2-\xi_2)\right]^2}{n^2}=1 \\[2mm]
l+l\sin(\xi_1-\pi/2)+2l\sin(\xi_3/2)\sin(\xi_1+\xi_3/2-\xi_2)=H
\end{cases}
\tag{8-7}
$$

当 R_2=3.5m，H=2.5m，ρ_{BC}=60°时，结合 6.3 节，可解得 β_1、β_2、β_3 的值为 β_1=66.16°，β_2=76.02°，β_3=85.88°，并相应地得到 ξ_1=125.48°，ξ_2=95.11°，ξ_3=0.61°，c=1.74，l=1.23。β_1、β_2、β_3 随折叠角 ρ_{BC} 的变化曲线如图 8-9 所示。

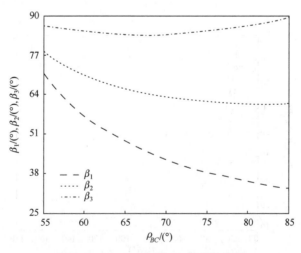

图 8-9　β_1、β_2、β_3 随 ρ_{BC} 的变化曲线

由图 8-9 可知，对于给定的 R_2 和 H，β_1 和 β_2 随折叠角增大而逐渐下降，而 β_3

先下降后上升，β_1 与 β_3 的差值逐渐变大。当 ρ_{BC} 增大到某一固定值时，组成曲面构型的部分单元几乎完全展开。当 ρ_{BC} 分别为 55°、65°、85°时，曲面构型如图 8-10 所示。只有当 $\rho_{BC} < 85°$时，β_1、β_2 和 β_3 的曲线才可以维持在稳定的平台段。

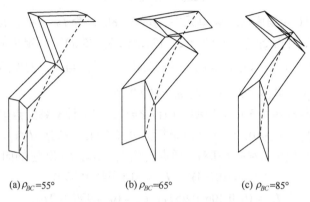

(a) $\rho_{BC}=55°$　　　(b) $\rho_{BC}=65°$　　　(c) $\rho_{BC}=85°$

图 8-10　不同 ρ_{BC} 下的曲面构型

8.3　顶篷曲面几何设计

8.3.1　双曲面构型设计

结合 8.2 节的分析结论，本节选取两个基本单元进行分析，说明无应力旋转曲面构型建立的方法。首先做垂直于 XY 平面且与 $X=0$ 面呈 δ 角的平面来切割基本单元，如图 8-11 所示，可得 1～10 号点。建立旋转曲面之前需先求出位于曲面上的 1～10 号点的坐标。

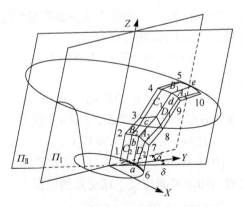

图 8-11　单侧旋转曲面无应力状态构型

首先切割平面 Π_I 和 Π_{II} 的法向量为 $(\cos\delta, -\sin\delta, 0)$ 和 $(-\cos\delta, -\sin\delta, 0)$，切割平面

经过原点，所以切割平面的方程为

$$x\cos\delta - y\sin\delta = 0 \tag{8-8}$$

$$x\cos\delta + y\sin\delta = 0 \tag{8-9}$$

假定图 8-11 变角度 Miura 单元中，$\beta_1=\beta_3=80°$，令 $l_{ab}=l_{bc}=l_{cd}=l_{de}=1\text{m}$，$R_1=2\text{m}$，$\theta=90°$，$\rho_{BC}=72°$，可得 $\xi_1=\xi_3=109.26°$，$\xi_2=127.06°$，$\beta_2=75.89°$。假定折叠角 $\rho_{B_1C_1}=72°$，$l_{B_1C_1}$ ($l_{B_2C_2}$) 与 $l_{A_1D_1}$ ($l_{A_2D_2}$) 的夹角 $\varphi_1=\varphi_3=155.409°$，$l_{A_2D_1}$ 与 $l_{B_2C_1}$ 的夹角 $\varphi_2=148.393°$，各平面夹角 $\rho_{C_1D_1}=\rho_{A_1B_1}=\rho_{C_2D_2}=\rho_{A_2B_2}=165.619°$。

基于上述参数建立无应力模型。假设 $\delta=5°$，则可计算各定点坐标。a 点坐标为 $(0, 2, 0)$，b 点坐标为 $(0, 2, 1)$，c 点坐标为 $(0, 2.944, 1.330)$，d 点坐标为 $(0, 3.250, 2.282)$，e 点坐标为 $(0, 4.249, 2.308)$。顶点连线 l_{ab}、l_{bc}、l_{cd} 和 l_{de} 的向量分别为

$$\boldsymbol{l}_{ab} = (0, 0, 1), \quad \boldsymbol{l}_{bc} = (0, 0.944, 0.330)$$

$$\boldsymbol{l}_{cd} = (0, 0.306, 0.952), \quad \boldsymbol{l}_{de} = (0, 0.999, 0.026)$$

各向量在 YZ 平面上相应的法向量分别为

$$\boldsymbol{l}'_{ab} = (0, 1, 0), \quad \boldsymbol{l}'_{bc} = (0, 0.330, -0.994)$$

$$\boldsymbol{l}'_{cd} = (0, 0.952, -0.306), \quad \boldsymbol{l}'_{de} = (0, 0.026, -0.999)$$

下面求各单元面的平面方程。考虑到构型对称，此处只讨论 D_1、A_1、D_2 和 A_2 面，其余面相同。D_2 平面的法向量 $\boldsymbol{\alpha}_1$ 可以通过式(8-10)计算。

$$\begin{cases} z = 0 \\ \sqrt{x^2 + y^2 + z^2} = 1 \\ \cos\left[(\pi - \rho_{C_1D_1})/2\right] = y \end{cases} \tag{8-10}$$

可以计算出 $\boldsymbol{\alpha}_1=(0.125, 0.992, 0)$。根据平面的法向量和经过的一个点的坐标，即可求出该平面的方程，因此 D_2 面的方程为

$$0.125x + 0.992y - 1.984 = 0 \tag{8-11}$$

同理可获得 A_2 面的方程为

$$0.320x + 0.313y - 0.894z + 0.268 = 0 \tag{8-12}$$

根据 D_2 面和 A_2 面的方程，可求得交线 $l_{D_2A_2}$ 的方程为

$$\begin{cases} 0.125x + 0.992y - 1.984 = 0 \\ 0.320x + 0.313y - 0.894z + 0.268 = 0 \end{cases} \tag{8-13}$$

其余同理，此时可以求出切割平面与 $l_{D_2A_2}$ 相交点的坐标：

$$\begin{cases} 0.125x + 0.992y - 1.984 = 0 \\ 0.320x + 0.313y - 0.894z + 0.268 = 0 \\ 0.9962x - 0.0872y = 0 \end{cases} \tag{8-14}$$

可以求得交点 7 坐标为(0.173, 1.978, 1.054)。

同样可以求得交点 8 和交点 9 的坐标分别为(0.257, 2.939, 1.421), (0.282, 3.222, 2.319)。

D_2 面的下边界直线假定平行于 $l_{A_2D_2}$，A_1 面的上边界直线假定平行于 $l_{A_1D_1}$。对于下边界直线，向量与 $l_{A_2D_2}$ 相同，为(0.173, –0.022, 0.054)，经过 a 点，因此该直线方程为

$$\begin{cases} \dfrac{x}{173} + \dfrac{y-2}{22} = 0 \\[2mm] \dfrac{x}{173} - \dfrac{z}{54} = 0 \end{cases} \tag{8-15}$$

联合割面方程，可按式(8-16)求出交点 6 的坐标为(0.173, 1.978, 0.054)。

$$\begin{cases} \dfrac{x}{173} + \dfrac{y-2}{22} = 0 \\[2mm] \dfrac{x}{173} - \dfrac{z}{54} = 0 \\[2mm] 0.9962x - 0.0872y = 0 \end{cases} \tag{8-16}$$

同理求得 A_1 面的上边界直线的交点 10 的坐标为(0.368, 4.210, 2.361)。按照以上方法，最终获得 1～10 号点的坐标及边线长度，见表 8-1。

表 8-1　1～10 号点的坐标及边线长度

编号	x/m	y/m	z/m	边线长度/m
1(6)	−0.173(0.173)	1.978	0.054	$l_{a1}=l_{a6}=0.183$
2(7)	−0.173(0.173)	1.978	1.054	$l_{b2}=l_{b7}=0.183$
3(8)	−0.257(0.257)	2.939	1.421	$l_{c3}=l_{c8}=0.273$
4(9)	−0.282(0.282)	3.222	2.319	$l_{d4}=l_{d9}=0.286$
5(10)	−0.368(0.368)	4.210	2.361	$l_{e5}=l_{e10}=0.374$

根据以上计算结果可以绘制如图 8-12 所示的 $\delta=5°$、由 5 个基本单元构成的旋转体(曲面)。

8.3.2　几何相容性研究

以上完成的初始构型属于无应力状态，原始构型的折叠角 $\rho_{BC}=72°$，切割平面与 $X=0$ 面夹角 $\delta=5°$。本节研究该构型在折叠展开过程中，随 ρ_{BC} 的改变单元面内是否会产生应力。面内应变可定义为

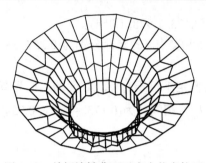

图 8-12　单侧旋转曲面无应力状态构型

$$\varepsilon = \frac{l' - l_0}{l_0} \tag{8-17}$$

式中，l_0 表示在折叠角 ρ_{BC}＝72°时各边线 l_{a1} (l_{a6})、l_{b2} (l_{b7})、l_{c3} (l_{c8})、l_{d4} (l_{d9})、l_{e5} (l_{e10}) 的长度；l' 表示折叠过程中上述边线的长度。折叠过程中，应变随折叠角的变化曲线如图 8-13 所示。

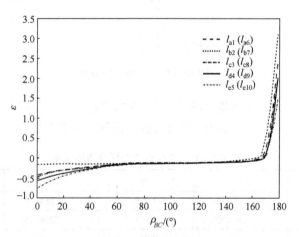

图 8-13　单元面边线应变随折叠角的变化曲线

根据上述分析结果可知，在折叠角较小时，应变随折叠角的变大而增加；在折叠角大于 60°后，应变曲线进入平滑阶段，此时边线应变变化率接近于 0；当折叠角大于 160°时，边线应变迅速变大。上述过程说明，构型在折叠过程中存在应变，为非刚性可折叠。

8.4　本章小结

本章基于 6.3 节中变角度 Miura 单元几何参数关系，设计了基于 Miura 单元的旋转曲面条带，并研究了其参数 R_2、H 与单元折叠角 ρ_{BC} 之间的关系。利用该曲面设计了基于变角度 Miura 单元的顶篷结构并分析了构型的运动相容性，指出在顶篷展开时为非刚性变形，会产生应力和应变。

参 考 文 献

[1] Lee S H, Cai J G, Wu G. Origami workshop: Re-interpretation of the textile canopy[M]. Copenhapen: The Royal Danish Academy of Fine Arts, Schools of Architecture, Design and Conservation, 2016.

第 9 章　折叠板壳结构展开动力学分析方法研究

折叠板壳结构作为可展开结构体系中的一种，近年来在航空和建筑结构领域中的应用越来越广泛。此类结构具有较高的收纳比，便于运输。同时此类结构在展开时还具有较好的强度和稳定性。折叠板壳结构在展开过程中需要外力进行牵引，此时结构为不稳定的状态；展开达到指定形态后需要进行锁定从而进入稳定状态。在这一运动过程中，构件的空间位置、速度、加速度、展开时间等都是非常复杂而精密的。将折纸构型及其折叠展开理论等引入折叠板壳结构，为该运动过程的研究提供了新思路。本章以折纸理论为基础，对折叠板壳结构的展开动力过程进行分析。

9.1　动力学普遍方程

设有一个由 n 个质点组成的质点系，约束为理想约束。在此质点系的任意质点 M_i 上作用的主动力合力为 F_i，约束反力的合力为 F_{Ni}，根据达朗贝尔原理可知，若在每个质点上都加上相应的惯性力 $F_{gi} = -m_i a_i$，则作用于质点系上所有的主动力、约束反力与惯性力组成平衡力系，即

$$\sum_{i=1}^{n} F_i + \sum_{i=1}^{n} F_{Ni} + \sum_{i=1}^{n} F_{gi} = \sum_{i=1}^{n} \left(F_i + F_{Ni} + F_{gi} \right) = 0 \tag{9-1}$$

再利用虚位移原理，给质点系一虚位移，即质点 M_i 的虚位移为 δr_i，则有

$$\sum_{i=1}^{n} \left(F_i + F_{Ni} + F_{gi} \right) \cdot \delta r_i = 0 \tag{9-2}$$

在工程实际中大多数约束具有一个共同特性，即约束反力在系统任何位移变分中的虚功之和等于 0，具有这种特性的约束称为理想约束。在某种意义上可以认为理想约束是分析力学的基本假设，它表示约束的基本力学性质，本章中的约束均为理想约束。由理想约束条件得

$$\sum_{i=1}^{n} F_{Ni} \cdot \delta r_i = 0 \tag{9-3}$$

所以

$$\sum_{i=1}^{n}\left(\boldsymbol{F}_i - m_i\boldsymbol{a}_i\right)\cdot\delta\boldsymbol{r}_i = 0 \tag{9-4}$$

式(9-4)是由达朗贝尔原理与虚位移原理相结合得出的动力学普遍方程[1,2]。这一方程表明，具有理想约束的质点系，在运动过程中的任一瞬时，主动力和惯性力在任何虚位移中所作虚功之和为 0。

对于非理想约束的质点系，只要将摩擦力、弹性力等非理想约束的约束反力当成主动力看待即可。本章研究的折叠板壳结构的动力学分析属于多刚体动力学范畴，而刚体组成的动力学系统乃是质点系的一个特例，所以采用动力学普遍方程推导出应用于多刚体动力学分析的微分方程是可行的。

9.2　第一类拉格朗日方程

动力学普遍方程通过引入理想约束条件，将未知约束力从方程中消去，从而得到一组不包含理想约束力的动力学方程，其遗留的问题是如何将方程中的虚位移 $\delta\boldsymbol{r}_i$ 转换成广义坐标的形式。将动力学普遍方程用广义坐标表示就可得到拉格朗日方程，若以质点所有的位置坐标作为广义坐标，在非自由质点系中该组坐标是非独立的，所得方程为第一类拉格朗日方程；若以独立的广义坐标表示质点系的位置，可得第二类拉格朗日方程。两类方程在求解动力学问题上各有优缺点：第一类拉格朗日方程在广义坐标的选取上较为方便，其缺点在于所得到的方程组数量较大，在早期计算机不发达的年代求解方程较为困难；第二类拉格朗日方程选取独立的广义坐标，用最少的参数描述质点的运动过程，但在体系约束关系较复杂的情况下，很难确定一组独立的广义坐标，为方程的建立带来很大的障碍。由于计算机的迅速发展，解决大型的微分方程组已不再是重大问题，可以通过计算机编程来求解数量较大的方程组，所以在本章中采用第一类拉格朗日方程来分析折叠板壳结构的动力学问题。

第一类拉格朗日方程的推导需建立在动力学普遍方程基础之上。对于由 n 个质点组成的质点系，系统的坐标为

$$\boldsymbol{q} = (\boldsymbol{r}_1^{\mathrm{T}}, \boldsymbol{r}_2^{\mathrm{T}}, \cdots, \boldsymbol{r}_n^{\mathrm{T}})^{\mathrm{T}} \tag{9-5}$$

坐标的个数为 $3n$。如果该系统受到约束，独立约束方程为 s 个，即

$$\boldsymbol{\Phi}(\boldsymbol{q}, t) = 0 \tag{9-6}$$

式中，$\boldsymbol{\Phi} = (\Phi_1, \Phi_2, \cdots, \Phi_s)$。那么系统的变量中只有 $\Delta = 3n-s$ 个为独立的，其中 Δ 为系统的自由度数。

系统变分形式的动力学普遍方程可表示为

$$\sum_{i=1}^{n} \delta \boldsymbol{r}_i^{\mathrm{T}} \left(-m_i \ddot{\boldsymbol{r}}_i + \boldsymbol{F}_i\right) = 0 \tag{9-7}$$

利用广义坐标合并为如下矩阵形式：

$$\delta \boldsymbol{q}^{\mathrm{T}} \left(-\boldsymbol{M} \ddot{\boldsymbol{q}} + \boldsymbol{Q}\right) = 0 \tag{9-8}$$

式中

$$\delta \boldsymbol{q} = (\delta \boldsymbol{r}_1^{\mathrm{T}}, \, \delta \boldsymbol{r}_2^{\mathrm{T}}, \, \cdots, \, \delta \boldsymbol{r}_n^{\mathrm{T}})^{\mathrm{T}} \tag{9-9}$$

$$\boldsymbol{Q} = (\boldsymbol{F}_1^{\mathrm{T}}, \, \boldsymbol{F}_2^{\mathrm{T}}, \, \cdots, \, \boldsymbol{F}_n^{\mathrm{T}})^{\mathrm{T}} \tag{9-10}$$

$$\boldsymbol{M} = \mathrm{diag}(\boldsymbol{m}_1, \, \boldsymbol{m}_2, \, \cdots, \, \boldsymbol{m}_n) \tag{9-11}$$

式中

$$\boldsymbol{m}_k = \mathrm{diag}(m_k, m_k, m_k)$$

广义坐标的变分 $\delta \boldsymbol{q}$ 中只有 $3n-s$ 个是独立的，故变分方程(9-8)得不到微分形式的方程。现对约束方程(9-6)取等时变分，有

$$\boldsymbol{\Phi}_q \delta \boldsymbol{q} = 0 \tag{9-12}$$

对式(9-12)两边进行转置，则

$$\delta \boldsymbol{q}^{\mathrm{T}} \boldsymbol{\Phi}_q^{\mathrm{T}} = 0 \tag{9-13}$$

引入 s 个待定系数 $\lambda_k(k = 1, 2, \cdots, s)$，称其为拉格朗日乘子。将其构成列阵：

$$\boldsymbol{\lambda} = (\lambda_1, \, \lambda_2, \, \cdots, \, \lambda_s) \tag{9-14}$$

将式(9-14)右乘式(9-13)的两边，得

$$\delta \boldsymbol{q}^{\mathrm{T}} \boldsymbol{\Phi}_q^{\mathrm{T}} \boldsymbol{\lambda} = 0 \tag{9-15}$$

式(9-8)减去式(9-15)，得

$$\delta \boldsymbol{q}^{\mathrm{T}} \left(-\boldsymbol{M} \ddot{\boldsymbol{q}} - \boldsymbol{\Phi}_q^{\mathrm{T}} \boldsymbol{\lambda} + \boldsymbol{Q}\right) = 0 \tag{9-16}$$

如果拉格朗日乘子选择适当，令事先指定的不独立坐标变分前的系数为 0，这样可得到 s 个方程。于是在方程(9-16)中只包含独立坐标变分前的 $3n-s$ 个和式。由于这些坐标变分是独立的，由式(9-16)可得如下微分形式的方程：

$$\boldsymbol{M} \ddot{\boldsymbol{q}} + \boldsymbol{\Phi}_q^{\mathrm{T}} \boldsymbol{\lambda} = \boldsymbol{Q} \tag{9-17}$$

式(9-17)为带拉格朗日乘子的质点系动力学方程，或者称为第一类拉格朗日方程[3]。需要注意的是，方程(9-17)的个数为 $3n$，但变量中除了 $3n$ 个坐标变量外还引入了 s 个未知的拉格朗日乘子，故需增加 s 个约束方程(9-6)与方程(9-17)联立才能求解。

将方程(9-17)与质点系牛顿方程进行比较，不难看出，拉格朗日乘子项 $\boldsymbol{\Phi}_q^{\mathrm{T}} \boldsymbol{\lambda}$

的物理意义为作用于系统的理想约束力。

9.3　基本板单元几何描述

应用有限单元法分析板壳结构时，广泛采用平面单元和曲面单元这两类壳体单元。将壳体中的面划分为有限个单元，它们都是曲面单元。但是在单元划分时，用平面单元组成的一个折叠板来近似壳体的几何形状能够得到很好的结果[4]。连续表面折叠板壳结构通常是由任意形状的壳体或板构成，采用三角形单元比较方便，如图 9-1 所示。

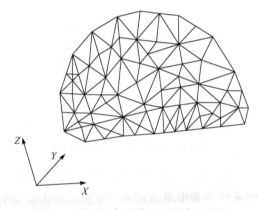

图 9-1　平面三角形单元对板壳的划分

多刚体动力学中通常选取系统中每个刚体质心在惯性参考系中的三个直角坐标和确定刚体方位的三个欧拉角作为广义笛卡儿坐标[5,6]，而本章采用各刚性板的节点坐标作为广义坐标，可通过求解微分方程组得到各节点的特征参数，不需要处理多刚体动力学中的矢量合成等复杂问题。同时，多体系统动力学中关于刚柔耦合问题上的理论研究尚有待完善，而该程序中以各节点坐标作为广义坐标，为研究考虑弹性变形的折叠板壳结构奠定了良好的理论基础。

考虑图 9-2 所示的平面三角形，对其形状的描述如下：

$$\sqrt{\left(x_i - x_j\right)^2 + \left(y_i - y_j\right)^2 + \left(z_i - z_j\right)^2} = l_{ij}$$

$$\sqrt{\left(x_i - x_k\right)^2 + \left(y_i - y_k\right)^2 + \left(z_i - z_k\right)^2} = l_{ik} \tag{9-18}$$

$$\cos\alpha = \frac{\left(x_j - x_i\right)\left(x_k - x_i\right) + \left(y_j - y_i\right)\left(y_k - y_i\right) + \left(z_j - z_i\right)\left(z_k - z_i\right)}{l_{ij}l_{ik}}$$

式中，l_{ij} 为 ij 两点所对应的边长；l_{ik} 为 ik 两点所对应的边长；α 为两边之间的夹角。式(9-18)为描述三角形单元的约束方程，考虑到微分方程组中要对约束方程求导，为使求导过程较为简便，对式(9-18)进行如下变形移项处理：

$$\left(x_i-x_j\right)^2+\left(y_i-y_j\right)^2+\left(z_i-z_j\right)^2-l_{ij}^2=0$$

$$\left(x_i-x_k\right)^2+\left(y_i-y_k\right)^2+\left(z_i-z_k\right)^2-l_{ik}^2=0 \tag{9-19}$$

$$\left(x_j-x_i\right)\left(x_k-x_i\right)+\left(y_j-y_i\right)\left(y_k-y_i\right)+\left(z_j-z_i\right)\left(z_k-z_i\right)-l_{ij}l_{ik}\cos\alpha=0$$

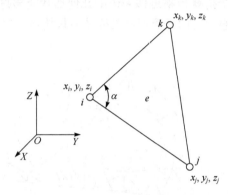

图 9-2　三角形单元和节点坐标

式(9-19)为以节点坐标形式表示的三角形单元几何形状的约束方程。复杂的折叠板表面可离散成 m 个三角形单元和 n 个节点，各单元之间除节点处相互连接外，两单元之间还要有约束存在，如同一片刚性曲板被分成很多个三角形单元，要求在运动过程中各相邻单元间的夹角保持不变，此外还有边界约束等。

如图 9-3 所示，两相邻三角形单元△ijk 与△ljk 之间的夹角为 γ，因为式(9-19)中已经限定了三角形单元△ijk 的形状，所以只需再描述三角形单元△ljk 的形状即可，表达式为

$$\left(x_l-x_j\right)^2+\left(y_l-y_j\right)^2+\left(z_l-z_j\right)^2-l_{lj}^2=0$$

$$\left(x_l-x_k\right)^2+\left(y_l-y_k\right)^2+\left(z_l-z_k\right)^2-l_{lk}^2=0 \tag{9-20}$$

$$\left(x_j-x_l\right)\left(x_k-x_l\right)+\left(y_j-y_l\right)\left(y_k-y_l\right)+\left(z_j-z_l\right)\left(z_k-z_l\right)-l_{lj}l_{lk}\cos\beta=0$$

要使 γ 保持不变，即运动过程中相邻节点 i 与 l 之间的线段长度保持不变，需增加新的约束方程：

$$\left(x_i-x_l\right)^2+\left(y_i-y_l\right)^2+\left(z_i-z_l\right)^2-l_{il}^2=0 \tag{9-21}$$

联立式(9-19)～式(9-21)，即为描述相邻三角形单元形状的约束方程。

本章研究的折纸模型均由四边形排列组成，所以研究四边形单元的几何描述

成为本节的主要内容。三角形单元可通过两边长度及其夹角作为约束条件，现探讨能否采用四个约束条件来描述四边形的形状，根据赵孟良在其论文中所提供的方法[7]，尝试以四边形的两条对角线及两个对角进行描述，如图 9-4 所示。

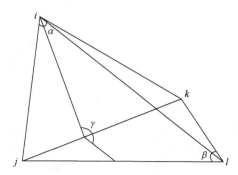

图 9-3　相邻三角形单元示意图

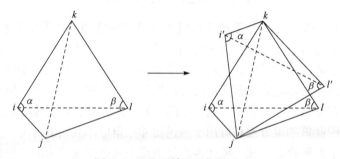

图 9-4　四边形单元几何描述一

这里讨论能否以对角边 il、jk 及两对角 α、β 四个参数来准确描述四边形单元 $ijlk$ 的几何形状，从而得到四边形单元的几何约束方程。以 $\triangle ijk$ 为例，必然存在一个三角形 $\triangle i'jk$ 以对角线 jk 的中垂线为轴与 $\triangle ijk$ 对称，同理可得 $\triangle lkj$ 的对称三角形 $\triangle l'jk$，两者也关于对角线 jk 的中垂线对称。所得到的两个四边形单元虽为全等四边形，但其节点对应的边长已发生变化。换言之，以对角线及两个对角描述出两种不同的几何形状，说明此四个参数无法准确描述四边形单元的形状。

以上分析中出现的四边形的两种几何形状中，其不同之处在于节点对应的边长发生了变化，那么可以尝试像描述三角形单元那样，以边长及夹角对四边形单元进行相似的描述。现将四边形 $ijlk$ 分为两个三角形 $\triangle ijk$ 和 $\triangle ljk$，以两边及其夹角进行描述，约束方程分别为式(9-19)和式(9-20)。与分析两相邻三角形单元保持一定夹角不同的是，四边形单元所划分出的两个三角形单元之间的夹角为 0°，通过设定运动过程中节点 i、l 之间的线段长度保持不变，能否准确地描述四边形的几何形状成为亟待解决的问题。

若利用式(9-19)～式(9-21)组成四边形单元的几何约束方程，判断此约束方程是否能保证两个三角形之间的夹角始终为 0°，等价于判断图 9-5 所示桁架模型是否为几何不变体系，进一步等价为判断节点 i、j、k 铰接于地面的情况下，节点 l 是否有运动的可能性。

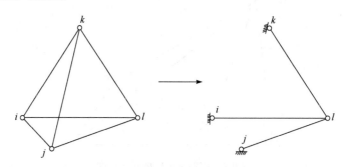

图 9-5　四边形单元几何描述二

根据结构力学中平面体系的几何组成分析理论可知，在平面体系中，图 9-5 中的桁架模型为有一个多余约束的几何不变体系，但在空间体系中，由于节点 l 没有垂直于纸面方向的约束，该桁架模型为有一个多余约束的瞬变体系。由此可知，这种描述方法不能确定四边形的几何形状，其关键点就在于不能保证两个三角形共面的基本条件。若两个三角形之间具有一定夹角，则上述桁架模型为几何不变体系，因此该约束方程只可用于描述相邻三角形不共面的情况。

通过以上两种研究发现，描述四边形单元中四点共面成为准确描述其几何形状的关键，现采用空间几何理论，在确定两个三角形形状之后，令两个三角形平面的法线向量相互平行，或者其中一个平面的法线与另一个平面中两条相交直线均垂直，这样便可达到四点共面的目的。为便于表达，采用第二种表示方法，$\triangle ijk$ 的法线向量为

$$
\begin{aligned}
\boldsymbol{n}_{ijk} &= \boldsymbol{l}_{ij} \times \boldsymbol{l}_{ik} \\
&= \begin{vmatrix} \boldsymbol{i} & \boldsymbol{j} & \boldsymbol{k} \\ x_i - x_j & y_i - y_j & z_i - z_j \\ x_i - x_k & y_i - y_k & z_i - z_k \end{vmatrix} \\
&= \left[(y_i - y_j)(z_i - z_k) - (y_i - y_k)(z_i - z_j) \right] \boldsymbol{i} \\
&\quad - \left[(x_i - x_j)(z_i - z_k) - (x_i - x_k)(z_i - z_j) \right] \boldsymbol{j} \\
&\quad + \left[(x_i - x_j)(y_i - y_k) - (x_i - x_k)(y_i - y_j) \right] \boldsymbol{k}
\end{aligned}
\tag{9-22}
$$

该法线向量垂直于 $\triangle lkj$ 中的向量 $\boldsymbol{l}_{lk}$ 与 $\boldsymbol{l}_{lj}$，即

$$\boldsymbol{n}_{ijk} \cdot \boldsymbol{l}_{lk} = 0, \quad \boldsymbol{n}_{ijk} \cdot \boldsymbol{l}_{lj} = 0 \tag{9-23}$$

以节点坐标表示为

$$\begin{aligned}
&\left[\left(y_i - y_j\right)\left(z_i - z_k\right) - \left(y_i - y_k\right)\left(z_i - z_j\right)\right]\left(x_l - x_j\right) \\
&- \left[\left(x_i - x_j\right)\left(z_i - z_k\right) - \left(x_i - x_k\right)\left(z_i - z_j\right)\right]\left(y_l - y_j\right) \\
&+ \left[\left(x_i - x_j\right)\left(y_i - y_k\right) - \left(x_i - x_k\right)\left(y_i - y_j\right)\right]\left(z_l - z_j\right) = 0
\end{aligned} \tag{9-24}$$

$$\begin{aligned}
&\left[\left(y_i - y_j\right)\left(z_i - z_k\right) - \left(y_i - y_k\right)\left(z_i - z_j\right)\right]\left(x_l - x_k\right) \\
&- \left[\left(x_i - x_j\right)\left(z_i - z_k\right) - \left(x_i - x_k\right)\left(z_i - z_j\right)\right]\left(y_l - y_k\right) \\
&+ \left[\left(x_i - x_j\right)\left(y_i - y_k\right) - \left(x_i - x_k\right)\left(y_i - y_j\right)\right]\left(z_l - z_k\right) = 0
\end{aligned} \tag{9-25}$$

联立式(9-19)、式(9-20)、式(9-24)和式(9-25)即为描述四边形单元几何形状的约束方程。

除了几何形状的约束外，体系与地面或支撑物的连接构成边界约束，边界约束方程与几何约束方程一起构成折叠板壳体系的约束方程。

9.4　质　量　矩　阵

在有限元分析中经常会用到质量矩阵，质量矩阵是由分布惯性力向节点静力等效简化而得到的，采用不同的等效方法就会得到不同形式的质量矩阵[8]。质量矩阵通常有两种形式：集中质量矩阵和一致质量矩阵。前者将结构的质量平均分配到单元的各个节点上，即只有对角线上的元素为非零值；后者则将结构的惯性力，像弹性恢复力一样假设由相同的位移函数形成，其计算公式为

$$\boldsymbol{m} = \int_V \rho \boldsymbol{N}^{\mathrm{T}} \boldsymbol{N} \mathrm{d}V \tag{9-26}$$

式中，ρ 为质量密度；N 为形函数矩阵；V 为单元域。集中质量矩阵没有真实地反映结构的质量分布，所得计算结果会造成一定的误差。因此本章采用一致质量矩阵进行求解，现给出三角形单元的一致质量矩阵。

平面三节点三角形单元如图 9-6 所示，设其单位面积的质量为 ρ，面积为 s。形函数矩阵 N 表示为

$$\boldsymbol{N} = \begin{bmatrix} \boldsymbol{I}L_i & \boldsymbol{I}L_j & \boldsymbol{I}L_k \end{bmatrix} \tag{9-27}$$

式中，I 为 2×2 的单位矩阵，$L_i = \left(a_i + b_i x + c_i y\right)/\left(2s\right)$，且

$$a_i = x_i y_k - x_k y_j$$
$$b_i = y_j - y_k \qquad (i,j,k) \tag{9-28}$$
$$c_i = -x_j + x_m$$

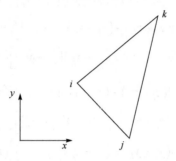

图 9-6　平面三节点三角形单元

根据式(9-27)可得

$$
\begin{aligned}
m &= \rho \iint \begin{bmatrix} IL_i \\ IL_j \\ IL_k \end{bmatrix} \begin{bmatrix} IL_i & IL_j & IL_k \end{bmatrix} \mathrm{d}x\mathrm{d}y \\
&= \rho \iint \begin{bmatrix} IL_i L_i & IL_i L_j & IL_i L_k \\ IL_j L_i & IL_j L_j & IL_j L_k \\ IL_k L_i & IL_k L_j & IL_k L_k \end{bmatrix} \mathrm{d}x\mathrm{d}y
\end{aligned}
\tag{9-29}
$$

利用《弹性力学问题的有限单元法》给出的积分公式[9]，可得一致质量矩阵如下：

$$
m = \frac{\rho s}{3}
\begin{bmatrix}
\dfrac{1}{2} & 0 & \dfrac{1}{4} & 0 & \dfrac{1}{4} & 0 \\[2mm]
0 & \dfrac{1}{2} & 0 & \dfrac{1}{4} & 0 & \dfrac{1}{4} \\[2mm]
\dfrac{1}{4} & 0 & \dfrac{1}{2} & 0 & \dfrac{1}{4} & 0 \\[2mm]
0 & \dfrac{1}{4} & 0 & \dfrac{1}{2} & 0 & \dfrac{1}{4} \\[2mm]
\dfrac{1}{4} & 0 & \dfrac{1}{4} & 0 & \dfrac{1}{2} & 0 \\[2mm]
0 & \dfrac{1}{4} & 0 & \dfrac{1}{4} & 0 & \dfrac{1}{2}
\end{bmatrix}
\tag{9-30}
$$

以上对平面三节点三角形单元的一致质量矩阵进行了推导，通过分析发现该三角形单元与本章研究的三角形单元有些差别，本章中的节点坐标为空间坐标，即三角形单元有 9 个空间坐标，故需对式(9-30)中的矩阵进行扩展，具体做法是将式(9-27)中的单位矩阵大小改为 3×3 阶，重新进行推导，结果如下：

$$
\boldsymbol{m}^{\mathrm{e}}=\frac{\rho s}{3}
\begin{bmatrix}
\frac{1}{2} & 0 & 0 & \frac{1}{4} & 0 & 0 & \frac{1}{4} & 0 & 0 \\
0 & \frac{1}{2} & 0 & 0 & \frac{1}{4} & 0 & 0 & \frac{1}{4} & 0 \\
0 & 0 & \frac{1}{2} & 0 & 0 & \frac{1}{4} & 0 & 0 & \frac{1}{4} \\
\frac{1}{4} & 0 & 0 & \frac{1}{2} & 0 & 0 & \frac{1}{4} & 0 & 0 \\
0 & \frac{1}{4} & 0 & 0 & \frac{1}{2} & 0 & 0 & \frac{1}{4} & 0 \\
0 & 0 & \frac{1}{4} & 0 & 0 & \frac{1}{2} & 0 & 0 & \frac{1}{4} \\
\frac{1}{4} & 0 & 0 & \frac{1}{4} & 0 & 0 & \frac{1}{2} & 0 & 0 \\
0 & \frac{1}{4} & 0 & 0 & \frac{1}{4} & 0 & 0 & \frac{1}{2} & 0 \\
0 & 0 & \frac{1}{4} & 0 & 0 & \frac{1}{4} & 0 & 0 & \frac{1}{2}
\end{bmatrix}
\tag{9-31}
$$

式(9-31)为本章所采用的三角形单元的一致质量矩阵,四边形单元的质量矩阵可通过对两个三角形单元质量矩阵集成而得到,折叠板壳模型的整体质量矩阵可采用各单元的节点编号对单元质量矩阵进行集成而得到。

9.5　微分方程组的求解

欲求解的微分方程组如式(9-32)所示,本章只考虑体系在不变外力作用下的动力特性,不考虑阻尼的影响,所以式(9-32)中 $\boldsymbol{Q}$ 为一恒量,与坐标和时间无关。本章采用 Newmark 积分法和牛顿迭代法对微分方程组进行求解[10]。

$$
\boldsymbol{M}\ddot{\boldsymbol{q}}+\boldsymbol{\Phi}_q^{\mathrm{T}}\boldsymbol{\lambda}-\boldsymbol{Q}=0
$$
$$
\boldsymbol{\Phi}(q,t)=0
\tag{9-32}
$$

牛顿迭代法的思想是将微分方程组线性化,通过不断修正初始值,最终得到满足误差要求的近似解。获得线性化模型的前提是定义非线性残差函数,非线

性残差函数的正切值即为线性化模型。因此定义上述微分方程组的非线性残差函数为

$$r(q,\dot{q},\ddot{q},\lambda) = M\ddot{q} + \boldsymbol{\Phi}_q^{\mathrm{T}}\lambda - Q \tag{9-33}$$

假设微分方程组在时间 t 处的一近似解为

$$\left(q^*,\dot{q}^*,\ddot{q}^*,\lambda^*\right) \tag{9-34}$$

定义时间 t 处近似解的修正值为 Δq、$\Delta\dot{q}$、$\Delta\ddot{q}$、$\Delta\lambda$，则在时间 t 处的准确解以增量形式表示为

$$\begin{aligned} q &= q^* + \Delta q \\ \dot{q} &= \dot{q}^* + \Delta\dot{q} \\ \ddot{q} &= \ddot{q}^* + \Delta\ddot{q} \\ \lambda &= \lambda^* + \Delta\lambda \end{aligned} \tag{9-35}$$

将残差函数在近似解 $\left(q^*,\dot{q}^*,\ddot{q}^*,\lambda^*\right)$ 处进行泰勒展开，则有

$$\begin{aligned} r(q,\dot{q},\ddot{q},\lambda) &= r\left(q^*+\Delta q,\dot{q}^*+\Delta\dot{q},\ddot{q}^*+\Delta\ddot{q},\lambda^*+\Delta\lambda\right) \\ &= r\left(q^*,\dot{q}^*+\Delta\dot{q},\ddot{q}^*+\Delta\ddot{q},\lambda^*+\Delta\lambda\right) + \frac{\partial r}{\partial q}\Delta q + O\left(\Delta^2\right) \\ &= r\left(q^*,\dot{q}^*,\ddot{q}^*+\Delta\ddot{q},\lambda^*+\Delta\lambda\right) + \frac{\partial r}{\partial q}\Delta q + \frac{\partial r}{\partial\dot{q}}\Delta\dot{q} + O\left(\Delta^2\right) \\ &= r\left(q^*,\dot{q}^*,\ddot{q}^*,\lambda^*+\Delta\lambda\right) + \frac{\partial r}{\partial q}\Delta q + \frac{\partial r}{\partial\dot{q}}\Delta\dot{q} + \frac{\partial r}{\partial\ddot{q}}\Delta\ddot{q} + O\left(\Delta^2\right) \\ &= r\left(q^*,\dot{q}^*,\ddot{q}^*,\lambda^*\right) + \frac{\partial r}{\partial q}\Delta q + \frac{\partial r}{\partial\dot{q}}\Delta\dot{q} + \frac{\partial r}{\partial\ddot{q}}\Delta\ddot{q} + \frac{\partial r}{\partial\lambda}\Delta\lambda + O\left(\Delta^2\right) \end{aligned} \tag{9-36}$$

根据残差函数在准确解 $(q,\dot{q},\ddot{q},\lambda)$ 处为 0，并忽略高阶项，式(9-36)简化为

$$\frac{\partial r}{\partial q}\Delta q + \frac{\partial r}{\partial\dot{q}}\Delta\dot{q} + \frac{\partial r}{\partial\ddot{q}}\Delta\ddot{q} + \frac{\partial r}{\partial\lambda}\Delta\lambda = -r\left(q^*,\dot{q}^*,\ddot{q}^*,\lambda^*\right) = -r^* \tag{9-37}$$

式中

$$-r^* = Q - \left(\boldsymbol{\Phi}_q^{\mathrm{T}}\lambda\right)^* - M\ddot{q}^* \tag{9-38}$$

分别计算式(9-37)中各增量的系数

$$\frac{\partial r}{\partial q} = -\frac{\partial Q}{\partial q} + \frac{\partial}{\partial q}\left[\left(\boldsymbol{\Phi}_q^{\mathrm{T}}\lambda\right)^* + M\ddot{q}^*\right] = \frac{\partial}{\partial q}\left(\boldsymbol{\Phi}_q^{\mathrm{T}}\lambda\right)^*$$

$$\frac{\partial \boldsymbol{r}}{\partial \dot{\boldsymbol{q}}} = -\frac{\partial \boldsymbol{Q}}{\partial \dot{\boldsymbol{q}}} = 0$$

$$\frac{\partial \boldsymbol{r}}{\partial \ddot{\boldsymbol{q}}} = \frac{\partial}{\partial \ddot{\boldsymbol{q}}} \left(\boldsymbol{M} \ddot{\boldsymbol{q}}^* \right) = \boldsymbol{M} \tag{9-39}$$

$$\frac{\partial \boldsymbol{r}}{\partial \lambda} = \frac{\partial}{\partial \lambda} \left(\boldsymbol{\Phi}_q^{\mathrm{T}} \lambda \right)^* = \boldsymbol{\Phi}_q^{\mathrm{T}}$$

定义残差函数对广义坐标 $\boldsymbol{q}$ 的变分为切线刚度矩阵，即

$$\boldsymbol{K}_{\mathrm{T}} = \frac{\partial \boldsymbol{r}}{\partial \boldsymbol{q}} = \frac{\partial}{\partial \boldsymbol{q}} \left(\boldsymbol{\Phi}_q^{\mathrm{T}} \lambda \right)^* \tag{9-40}$$

将式(9-39)、式(9-40)代入式(9-37)中，得

$$\boldsymbol{M} \Delta \ddot{\boldsymbol{q}} + \boldsymbol{K}_{\mathrm{T}} \Delta \boldsymbol{q} + \boldsymbol{\Phi}_q^{\mathrm{T}} \Delta \lambda = -\boldsymbol{r}^* \tag{9-41}$$

由于微分方程组中包含约束方程(9-6)，还需对此约束方程进行线性化操作，将其在 $\boldsymbol{q}^*$ 处进行泰勒展开：

$$\begin{aligned} \boldsymbol{\Phi}(\boldsymbol{q},t) &= \boldsymbol{\Phi}\left(\boldsymbol{q}^* + \Delta \boldsymbol{q}, t \right) \\ &= \boldsymbol{\Phi}\left(\boldsymbol{q}^*, t \right) + \frac{\partial \boldsymbol{\Phi}}{\partial \boldsymbol{q}} \Delta \boldsymbol{q} + O\left(\Delta^2 \right) \end{aligned} \tag{9-42}$$

根据约束方程在准确值 $\boldsymbol{q}$ 处为 0，略去高阶项，式(9-42)转化为

$$\boldsymbol{\Phi}_q \Delta \boldsymbol{q} = -\boldsymbol{\Phi}\left(\boldsymbol{q}^*, t \right) \tag{9-43}$$

式(9-41)和式(9-43)组成了线性方程组，该线性方程组以矩阵的形式表示为

$$\begin{bmatrix} \boldsymbol{M} & 0 \\ 0 & 0 \end{bmatrix} \begin{bmatrix} \Delta \ddot{\boldsymbol{q}} \\ \Delta \ddot{\lambda} \end{bmatrix} + \begin{bmatrix} \boldsymbol{K}_{\mathrm{T}} & \boldsymbol{\Phi}_q^{\mathrm{T}} \\ \boldsymbol{\Phi}_q & 0 \end{bmatrix} \begin{bmatrix} \Delta \boldsymbol{q} \\ \Delta \lambda \end{bmatrix} = \begin{bmatrix} -\boldsymbol{r}^* \\ -\boldsymbol{\Phi}^* \end{bmatrix} \tag{9-44}$$

推导出微分方程组的线性模型后，需建立第 n 个时间步与第 $n+1$ 个时间步之间坐标、速度及加速度的关系，才能利用牛顿迭代法对式(9-44)进行求解。Newmark 积分法作为一种较为成熟的积分工具，在工程实际中得到广泛应用，本章采用该方法对微分方程组进行求解，Newmark 积分法的统一积分形式如下：

$$\boldsymbol{q}_{n+1} = \boldsymbol{q}_n + h \dot{\boldsymbol{q}}_n + \left(\frac{1}{2} - \beta \right) h^2 \ddot{\boldsymbol{q}}_n + \beta h^2 \ddot{\boldsymbol{q}}_{n+1} \tag{9-45}$$

$$\dot{\boldsymbol{q}}_{n+1} = \dot{\boldsymbol{q}}_n + (1-\gamma) h^2 \ddot{\boldsymbol{q}}_n + \gamma h \ddot{\boldsymbol{q}}_{n+1} \tag{9-46}$$

式中，h 为时间步长；β 和 γ 为可调参数，当 $\beta = 1/4$，$\gamma = 1/2$ 时为 Newmark 积分法中的平均加速度法。理论证明，当 $\gamma \geqslant 1/2$，$\beta \geqslant (\gamma + 1/2)^2/4$ 时，Newmark 积分法无条件收敛，时间步长不影响解的稳定性。

设已知第 n 个时间步得到结构的动力特性值 $\boldsymbol{q}_n$、$\dot{\boldsymbol{q}}_n$ 及 $\ddot{\boldsymbol{q}}_n$，在利用 Newmark 积分法的统一积分式时，假设第 $n+1$ 个时间步的加速度 $\ddot{\boldsymbol{q}}_{n+1}$ 为 0，可得到第 $n+1$ 个时间步迭代开始之前的初始值，即

$$
\begin{aligned}
&\ddot{\boldsymbol{q}}_{n+1}^{0} = 0 \\
&\dot{\boldsymbol{q}}_{n+1}^{0} = \dot{\boldsymbol{q}}_n + (1-\gamma)h\ddot{\boldsymbol{q}}_n \\
&\boldsymbol{q}_{n+1}^{0} = \boldsymbol{q}_n + h\dot{\boldsymbol{q}}_n + \left(\frac{1}{2} - \beta\right)h^2\ddot{\boldsymbol{q}}_n
\end{aligned}
\tag{9-47}
$$

由式(9-45)可得到第 $n+1$ 个时间步中第 k 次和第 $k+1$ 次迭代时的坐标，即

$$
\boldsymbol{q}_{n+1}^{k} = \boldsymbol{q}_n + h\dot{\boldsymbol{q}}_n + \left(\frac{1}{2} - \beta\right)h^2\ddot{\boldsymbol{q}}_n + \beta h^2 \ddot{\boldsymbol{q}}_{n+1}^{k}
\tag{9-48}
$$

$$
\boldsymbol{q}_{n+1}^{k+1} = \boldsymbol{q}_n + h\dot{\boldsymbol{q}}_n + \left(\frac{1}{2} - \beta\right)h^2\ddot{\boldsymbol{q}}_n + \beta h^2 \ddot{\boldsymbol{q}}_{n+1}^{k+1}
\tag{9-49}
$$

式(9-49)减去式(9-48)得

$$
\Delta\boldsymbol{q} = \boldsymbol{q}_{n+1}^{k+1} - \boldsymbol{q}_{n+1}^{k} = \beta h^2 \left(\ddot{\boldsymbol{q}}_{n+1}^{k+1} - \ddot{\boldsymbol{q}}_{n+1}^{k}\right) = \beta h^2 \Delta\ddot{\boldsymbol{q}}
\tag{9-50}
$$

同理根据式(9-46)可得到

$$
\Delta\dot{\boldsymbol{q}} = \dot{\boldsymbol{q}}_{n+1}^{k+1} - \dot{\boldsymbol{q}}_{n+1}^{k} = \gamma h\left(\ddot{\boldsymbol{q}}_{n+1}^{k+1} - \ddot{\boldsymbol{q}}_{n+1}^{k}\right) = \gamma h \Delta\ddot{\boldsymbol{q}}
\tag{9-51}
$$

由式(9-50)和式(9-51)可知

$$
\Delta\ddot{\boldsymbol{q}} = \Delta\boldsymbol{q} / (\beta h^2)
\tag{9-52}
$$

$$
\Delta\dot{\boldsymbol{q}} = \gamma\Delta\boldsymbol{q} / (\beta h)
\tag{9-53}
$$

则第 $n+1$ 个时间步中从第 k 次迭代到第 $k+1$ 次的公式为

$$
\begin{aligned}
&\boldsymbol{q}_{n+1}^{k+1} = \boldsymbol{q}_{n+1}^{k} + \Delta\boldsymbol{q} \\
&\dot{\boldsymbol{q}}_{n+1}^{k+1} = \dot{\boldsymbol{q}}_{n+1}^{k} + \Delta\dot{\boldsymbol{q}} = \dot{\boldsymbol{q}}_{n+1}^{k} + \frac{\gamma}{\beta h}\Delta\boldsymbol{q} \\
&\ddot{\boldsymbol{q}}_{n+1}^{k+1} = \ddot{\boldsymbol{q}}_{n+1}^{k} + \Delta\ddot{\boldsymbol{q}} = \ddot{\boldsymbol{q}}_{n+1}^{k} + \frac{1}{\beta h^2}\Delta\boldsymbol{q}
\end{aligned}
\tag{9-54}
$$

用 $\Delta\boldsymbol{q}$ 表示 $\Delta\dot{\boldsymbol{q}}$ 和 $\Delta\ddot{\boldsymbol{q}}$ 之后，在每次迭代中未知量只有 $\Delta\boldsymbol{q}$ 和 $\Delta\lambda$。式(9-54)简化为

$$\begin{bmatrix} \boldsymbol{S}_{\mathrm{T}} & \boldsymbol{\Phi}_q^{\mathrm{T}} \\ \boldsymbol{\Phi}_q & 0 \end{bmatrix} \begin{bmatrix} \Delta\boldsymbol{q} \\ \Delta\lambda \end{bmatrix} = \begin{bmatrix} -\boldsymbol{r}^* \\ -\boldsymbol{\Phi}^* \end{bmatrix} \tag{9-55}$$

式中

$$\boldsymbol{S}_{\mathrm{T}} = \boldsymbol{K}_{\mathrm{T}} + \frac{1}{\beta h^2}\boldsymbol{M} \tag{9-56}$$

通过以上推导，式(9-55)可在一个时间步内进行迭代，定义迭代收敛准则为

$$\|\boldsymbol{r}\| < \varepsilon, \quad \|\boldsymbol{\Phi}(\boldsymbol{q})\| < \eta \tag{9-57}$$

式中，ε、η 为收敛时的控制误差值。

以上介绍了采用 Newmark 积分法和牛顿迭代法求解动力学微分方程组的过程，其求解程序步骤如下：

(1) 将第 n 个时间步所得数据代入式(9-57)，计算第 $n+1$ 个时间步的 $\boldsymbol{q}^0$、$\dot{\boldsymbol{q}}^0$、$\ddot{\boldsymbol{q}}^0$。

(2) 计算 $\boldsymbol{r}(\boldsymbol{q},\dot{\boldsymbol{q}},\ddot{\boldsymbol{q}},\lambda)$ 和 $\boldsymbol{\Phi}(\boldsymbol{q})$，并判断式(9-57)是否得到满足，如满足进行下一个时间步的计算，若不满足则进行步骤(3)和步骤(4)。

(3) 将 $\boldsymbol{q}^0$、$\dot{\boldsymbol{q}}^0$、$\ddot{\boldsymbol{q}}^0$ 代入式(9-55)，计算 $\Delta\boldsymbol{q}$ 和 $\Delta\lambda$，将所得结果代入式(9-54)，得到修正后的 $\boldsymbol{q}$、$\dot{\boldsymbol{q}}$ 和 $\ddot{\boldsymbol{q}}$。

(4) 采用修正后的 $\boldsymbol{q}$、$\dot{\boldsymbol{q}}$ 和 $\ddot{\boldsymbol{q}}$ 重新计算 $\boldsymbol{r}(\boldsymbol{q},\dot{\boldsymbol{q}},\ddot{\boldsymbol{q}},\lambda)$ 和 $\boldsymbol{\Phi}(\boldsymbol{q})$，再次判断式(9-57)是否得到满足，如满足进行下个时间步的计算，若不满足则回到步骤(3)，继续对 $\boldsymbol{q}$、$\dot{\boldsymbol{q}}$ 和 $\ddot{\boldsymbol{q}}$ 进行修正，直至所得数据满足迭代收敛准则，该时间步迭代完成。

9.6　程　序　编　制

本章使用 MATLAB 语言编写了折叠板壳结构体系从闭合到完全展开过程的动力学数值仿真程序，选择 MATLAB 语言编写程序主要是考虑其在矩阵运算中的巨大优势。由以上推导的折叠板壳结构的动力学基本理论可知，其动力学方程的求解运用了大量的矩阵运算，包括矩阵的转置、矩阵的求逆及矩阵的相乘等。若采用 C++语言编写程序，将会有相当大的工作量用于矩阵类函数的编制，而在 MATLAB 中只需调用已有函数就可以完成复杂的矩阵运算。所编写的函数介绍如下：

(1) 质量矩阵函数。包括单元质量矩阵函数 mass_local.m、整体坐标节点编号函数 coordinate.m 及集成的整体质量矩阵函数 massgen.m。在单元质量矩阵函数

mass_local.m 中给出式(9-31)中所示的三角形单元一致质量矩阵，并将各三角形单元的质量矩阵横向排列存储于矩阵 M_local 中。在整体坐标节点编号函数 coordinate.m 中，将各单元的节点编号存储在矩阵 Node_num 中，由于每个节点对应 3 个节点坐标，需将三角形单元的 3 个节点编号扩展为 9 个节点坐标并存储在矩阵 Dof_num 中。在集成的整体质量矩阵函数 massgen.m 中，利用单元质量矩阵 M_local 和存储节点坐标编号的矩阵 Dof_num，对单元质量矩阵进行集成，形成整体质量矩阵，将其存储于矩阵 M_gen 中。

(2) 建立线性动力学方程函数 differential.m。在此函数中以变量形式输入折叠板的约束方程 $\boldsymbol{\Phi}(q)$，定义不定乘子向量 λ，约束方程对广义坐标求导得到雅可比矩阵 $\boldsymbol{\Phi}_q$。由式(9-40)求解切线刚度矩阵 $\boldsymbol{K}_\mathrm{T}$，进一步求解矩阵 $\boldsymbol{S}_\mathrm{T}$。最后根据式(9-38)和式(9-43)关于残差 r^* 及 $\boldsymbol{\Phi}^*$ 的定义，给出残差的表达式，至此得到了式(9-53)的线性动力学方程，且所得矩阵和向量都以变量形式表示，在主函数中调用时再对其分别赋值。

(3) Newmark 参数设置函数 newmark.m。该函数中主要存储时间步长 h、可调参数 β 和 γ，确定程序的计算总时间 t 和总时间步数。

(4) 预测函数 predictor.m。该函数的功能为通过第 n 个时间步所得数据预测第 $n+1$ 个时间步的初始迭代值，即实现式(9-47)中的赋值过程。

(5) 外荷载函数 fload.m。用于输入施加于节点上的外荷载，由于本章中的广义坐标选取为节点 X、Y、Z 三方向的位置坐标，所以外荷载也仅限于作用于此三方向的节点力，无法施加弯矩等其他荷载。

(6) 检验方程相容性函数 checkr.m。该函数用于检验在 differential.m 函数中建立的线性方程组的相容问题。

(7) 结果数据输出函数 output.m。将迭代成功的节点坐标、速度及加速度数据输出至已命名的 Excel 文件中，以便绘制数据曲线。

(8) 主函数 main.m。主函数的入口为用户输入折叠板壳结构各节点的初始位置，对各节点的速度和加速度赋初始值，对不定乘子向量 λ 赋初始值，确定外荷载大小，给定迭代准则和迭代次数进行计算。首先将给定的初始值 q、$\dot{q}$ 和 $\ddot{q}$ 通过函数 predictor.m 得到第一个时间步的初始迭代值，进入牛顿迭代，调用 differential.m 函数，对线性方程组进行赋值操作。利用求解广义逆矩阵的函数对线性方程组进行求解，得到 Δq 和 $\Delta \lambda$，由式(9-52)对 q、$\dot{q}$ 及 $\ddot{q}$ 进行修正，将修正后的 q、$\dot{q}$ 及 $\ddot{q}$ 代入残差公式中以判断是否满足收敛准则，若满足将结果存储至 output.m 函数中，若不满足则进行下一步迭代。

以上为本程序中所编写的主要函数，程序的求解流程如图 9-7 所示。

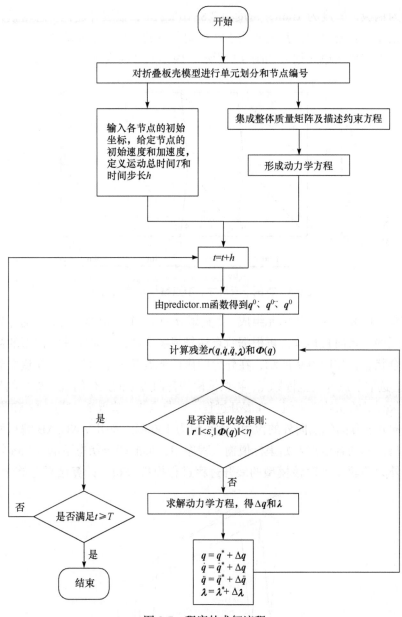

图 9-7　程序的求解流程

9.7　算 例 分 析

以 Miura 折纸模型为研究对象，编程分析其展开过程中的动力特性。设其平板材料为钢板，厚度为 1mm，密度为 $7.8 \times 10^3 \text{kg/m}^3$，在展开过程中忽略重力的影响，此处厚度和密度的参数主要用于计算划分后的三角形单元的质量矩阵。平板尺寸、节点编号及单元划分如图 9-8 所示，内顶点处的夹角均为 85°。

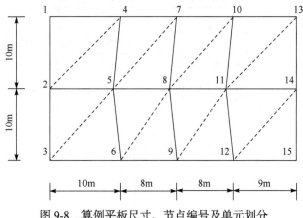

图 9-8　算例平板尺寸、节点编号及单元划分

　　该模型由 8 个四边形单元组成，将其划分为 16 个三角形单元，分别计算各三角形单元的一致质量矩阵，再根据节点编号组装成整体质量矩阵。模型的初始状态为闭合状态，如图 9-9 所示，在外力的作用下展开至平面状态，在建立模型的过程中，选取节点 5 为坐标原点，再根据模型各四边形的几何组成计算其他各节点在闭合状态下的初始坐标值。在展开过程中对节点 1、节点 3、节点 13 和节点 15 的 x 方向和 z 方向施加向外的拉力，大小恒为 1000N。采用 MATLAB 编写相应的程序，将计算的各节点初始坐标值输入程序中，形成闭合状态下的 Miura 折纸模型，在外力的驱动下对该模型的展开过程进行模拟分析，计算结果存储于 Excel

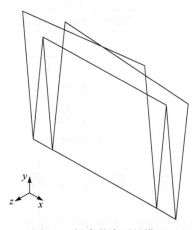

图 9-9　闭合状态下的模型

表格中，可根据所得数据输出各节点的动力特性曲线。

这里需要提出的一点是本程序中未考虑阻尼的影响，即模型在展开成平面后各节点具有一定的速度和加速度，不会自动停止下来。可以通过节点 1 的 x 方向坐标的变化来判断模型是否完全展开，图 9-10 所示为节点 1 的 x 方向坐标变化曲线，分析可知在模型展开过程中节点 1 的 x 方向坐标应遵循从初始 x 方向坐标不断减小，但由于该程序中未考虑阻尼的影响，导致模型在展开至平面后会继续运动下去，则节点 1 的 x 方向坐标会有一定的回升，根据这一规律可以判断该模型从闭合到展开所用时间 T 为 4.8s，对应于曲线的转折点处。

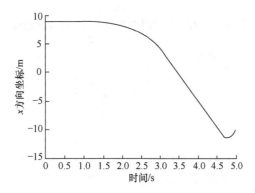

图 9-10　节点 1 的 x 方向坐标变化曲线

经分析确定该模型在外力作用下持续 4.8s 后基本形成平面状态，图 9-11 和图 9-12 所示分别为节点 1 和节点 5 的坐标在 4.8s 内的变化曲线。

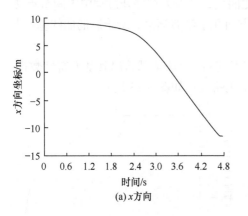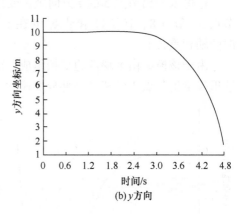

(a) x 方向　　　　　　　　　　　　(b) y 方向

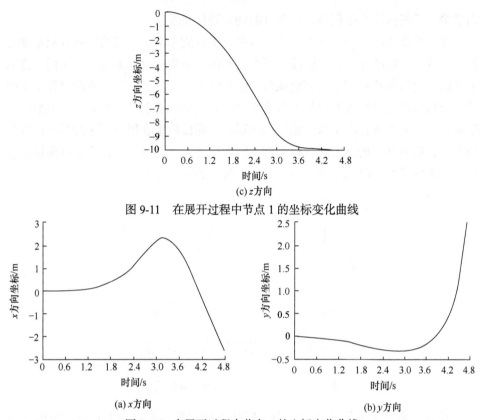

(c) z 方向

图 9-11　在展开过程中节点 1 的坐标变化曲线

(a) x 方向　　　　　　　　　　　　　　(b) y 方向

图 9-12　在展开过程中节点 5 的坐标变化曲线

这里未列出节点 5 的 z 方向坐标变化曲线，是因为在展开过程中中间节点 2、节点 5、节点 8、节点 11 和节点 14 在 z 方向几乎没有运动，所绘制的曲线基本与时间轴相重合。

由于该模型由 8 块四边形板组成，节点较多，无法全部给出其动力特性数据，这里仅给出节点 1 的速度和部分加速度变化曲线，如图 9-13 所示。

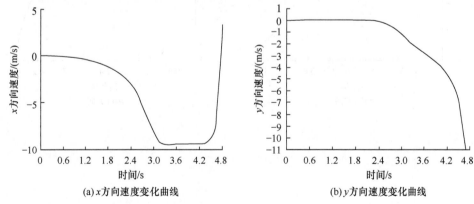

(a) x 方向速度变化曲线　　　　　　　　(b) y 方向速度变化曲线

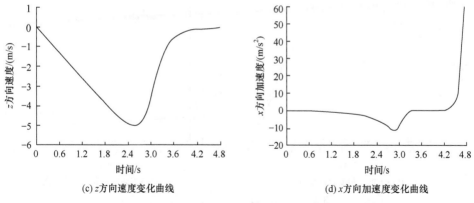

(c) z 方向速度变化曲线　　　　　(d) x 方向加速度变化曲线

图 9-13　在展开过程中节点 1 的速度和部分加速度变化曲线

分别取 $t=0s$，1s，3s，4s，4.8s 处的各节点坐标值，在 AutoCAD 中绘制模型的三维展开过程，如图 9-14 所示。

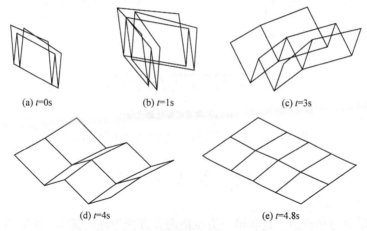

(a) $t=0s$　　　　　(b) $t=1s$　　　　　(c) $t=3s$

(d) $t=4s$　　　　　(e) $t=4.8s$

图 9-14　模型展开过程三维示意图

为验证程序计算结果的正确性，采用 ADAMS 软件建立相同的模型进行计算，该软件的全称为机械系统动力学仿真分析软件，使用交互式图形环境及零件库、约束库、力库等，创建完全参数化的机械系统几何模型，对机械系统进行动力学分析，输出位移、速度和加速度等动力特性数据。对比程序计算数据与 ADAMS 软件计算结果，取节点 5 的部分坐标和速度曲线进行比较，如图 9-15 所示。

由图 9-15 中所得曲线对比情况可知，该程序计算数据与 ADAMS 软件计算结果较为吻合，节点 5 在 x 方向坐标的误差均不超过 1.5%，y 方向坐标的最大误差出现在计算的最后一步，达到 7.64%，x 方向速度的误差也较小。由此可见，该程序在分析折叠板壳结构的展开动力学方面具有很好的精度。

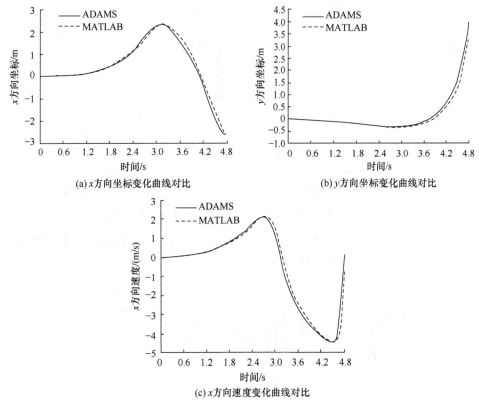

(a) x方向坐标变化曲线对比　　　　　　　　　　(b) y方向坐标变化曲线对比

(c) x方向速度变化曲线对比

图 9-15　节点 5 部分坐标和速度曲线的结果对比

9.8　本 章 小 结

本章以动力学普遍方程和第一类拉格朗日方程为理论基础，研究折叠板壳结构展开过程的动力特性，主要结论如下：

(1) 探讨了基本板单元的几何描述方法，其中包括三角形单元和四边形单元几何约束方程的建立，三角形单元可通过两边长度和其夹角来描述，而四边形单元几何约束方程经过几种不同方法的尝试后，确定了新的描述方式，即先将其划分为两个三角形单元，而后运用空间几何中的四点共面原理，达到准确描述四边形形状的目的。

(2) 给出了三角形单元的一致质量矩阵的表达式，通过模型确定的节点编号，可对各单元质量矩阵进行集成，从而形成整体模型的质量矩阵。

(3) 运用 Newmark 积分法和牛顿迭代法求解动力学方程组，通过假设一组近似解及运用泰勒展开方法，在忽略高阶项的情况下，得到动力学方程组的线性形式，利用 Newmark 积分法建立第 n 个时间步与第 $n+1$ 个时间步之间坐标、速度及加速度的关系，再通过牛顿迭代法进行每个时间步内的多次迭代，从而得到各个时间步内满足收敛准则的动力特性数据。

(4) 基于以上理论编写了用于分析折叠板壳结构展开过程的 MATLAB 程序，并结合具体的 Miura 折纸模型进行了分析，得到模型各节点的坐标、速度及加速度数据，选取模型从闭合到展开过程中的几个时间点，输出各个时间点的节点坐标值，在 AutoCAD 中绘制模型的三维展开过程。最后为验证程序的可行性，对比程序计算数据与 ADAMS 软件计算结果，分析部分节点的坐标和速度曲线对比图可知，两者结果数据较为吻合，误差在可接受范围内，说明该程序在分析折叠板壳结构的展开动力学方面具有很好的精度。

(5) 多体系统动力学中关于刚柔耦合问题上的理论研究有待完善，而该程序采用有限元分析方法，以各节点坐标作为广义坐标，为研究考虑弹性变形的折叠板壳结构奠定了良好的理论基础。

参 考 文 献

[1] 李慧剑, 杜国君. 理论力学[M]. 北京: 科学出版社, 2009.

[2] 李心宏. 理论力学[M]. 大连: 大连理工大学出版社, 2008.

[3] 洪嘉振. 计算多体系统动力学[M]. 北京: 高等教育出版社, 1999.

[4] 丁皓江, 何福保, 谢贻权, 等. 弹性和塑性力学中的有限单元法[M]. 北京: 机械工业出版社, 1989.

[5] 袁士杰, 吕哲勤. 多刚体系统动力学[M]. 北京: 北京理工大学出版社, 1992.

[6] 刘延柱, 洪嘉振, 杨海兴. 多刚体系统动力学[M]. 北京: 高等教育出版社, 1989.

[7] 赵孟良. 空间可展结构展开过程动力学理论分析、仿真及试验[D]. 杭州: 浙江大学, 2007.

[8] 赵经文, 王宏钰. 结构有限元分析[M]. 北京: 科学出版社, 2001.

[9] 华东水利学院. 弹性力学问题的有限单元法[M]. 北京: 水利电力出版社, 1978.

[10] Geradin M, Cardona A. Flexible Multibody Dynamics: A Finite Element Approach[M]. New York: John Wiley & Sons, 2001.

第 10 章　折叠板壳结构动力学数值仿真分析

10.1　刚性可展的判定条件

本章研究的折叠板壳结构是以第9章介绍的展开动力学理论为基础的,即假定板单元在运动过程中没有弹性变形。通过对折纸模型的研究发现,并非所有的折纸模型都属于刚性折叠结构,有些折叠结构在展开过程中板单元内会产生一定的弹性变形,才能保证其展开过程的顺利进行。而对于折叠板壳结构在考虑弹性变形时,需要将平面应力问题和平板弯曲问题结合起来,编程过程较为复杂。由于本章所编程序是基于刚性单元这一假设,故在对模型进行动力学数值仿真分析之前,需要判断其是否属于刚性可展结构。

刚性可展的判定条件可由四折痕折纸单元中相邻面夹角之间的关系进行推导[1],以函数形式表示四折痕折纸单元相邻面夹角之间的转换关系如式(10-1)所示。

$$\cos\rho_{AB} = f\left(\cos\rho_{BC}\right) = K + \frac{1-K^2}{\cos\rho_{BC} + K} \tag{10-1}$$

式(10-1)中函数 f 完成了 ρ_{BC} 到 ρ_{AB} 的转换,则其反函数 f^{-1} 可进行 ρ_{AB} 到 ρ_{BC} 的转换,表示为

$$\cos\rho_{BC} = f^{-1}\left(\cos\rho_{AB}\right) = -K + \frac{1-K^2}{\cos\rho_{AB} - K} \tag{10-2}$$

图 10-1 所示为四折痕折纸单元排列组成的折叠板壳模型,在同一纵向褶皱线上的相邻面之间的夹角相等,在同一水平褶皱线上的相邻面之间的夹角余弦值保持一致[2],所以在图 10-1 中定义同一纵向褶皱线对应的相邻面夹角为 ρ_j,同一水平褶皱线对应的相邻面夹角为 ρ_i。由式(10-1)和式(10-2)可知,函数 f 完成了相邻面夹角 ρ_j 到相邻面夹角 ρ_i 的转换,而 f^{-1} 可进行 ρ_i 到 ρ_j 的转换。

一个四折痕折纸单元中的 ρ_i 决定了与其相邻的四折痕折纸单元的 ρ_j,而此相邻的四折痕折纸单元的 ρ_j 又决定着另一个与其相邻的四折痕折纸单元的 ρ_{i+1},这一程序会一直重复下去,直至第一个四折痕折纸单元的 ρ_i 被再次决定,形成如图 10-2 所示的闭合回路。当模型中任意一个由四个内顶点组成的内部平面都满足这一闭合回路,则可确定该模型为刚性可展的折叠板壳结构,此即为四折痕折纸单元组

成的折叠板壳结构刚性可展的判定条件[3]。

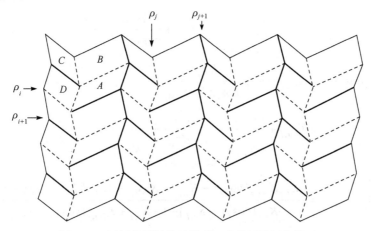

图 10-1　四折痕折纸单元排列组成的折叠板壳模型

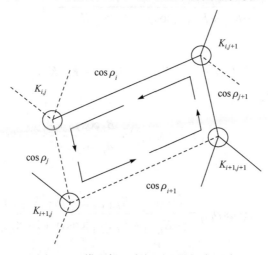

图 10-2　模型任一内部平面的闭合回路

利用式(10-1)和式(10-2)，以图 10-2 中的 $\cos\rho_i$ 为起点，通过转换系数 $K_{i,j}$ 可得到 $\cos\rho_j$，再通过转换系数 $K_{i+1,j}$ 可得到 $\cos\rho_{i+1}$，同理通过转换系数 $K_{i+1,j+1}$ 可得到 $\cos\rho_{j+1}$，最后通过转换系数 $K_{i,j+1}$ 重新得到 $\cos\rho_i$，形成闭合回路。该刚性可展的判定条件可用公式表示为

$$f_{i,j+1}\left(f_{i+1,j+1}^{-1}\left(f_{i+1,j}\left(f_{i,j}^{-1}(\cos\rho_i)\right)\right)\right)\equiv\cos\rho_i \tag{10-3}$$

式(10-3)可简化为

$$f_{i+1,j}\left(f_{i,j}^{-1}(\cos\rho_i)\right)\equiv f_{i+1,j+1}\left(f_{i,j+1}^{-1}(\cos\rho_i)\right) \tag{10-4}$$

由式(10-1)与式(10-2)得

$$f_{i,j}^{-1}\left(\cos\rho_i\right)=-K_{i,j}+\frac{1-K_{i,j}^2}{\cos\rho_i-K_{i,j}} \tag{10-5}$$

$$
\begin{aligned}
f_{i+1,j}\left(f_{i,j}^{-1}\left(\cos\rho_i\right)\right)&=K_{i+1,j}+\frac{1-K_{i+1,j}^2}{f_{i,j}^{-1}\left(\cos\rho_i\right)+K_{i+1,j}}\\
&=K_{i+1,j}+\frac{1-K_{i+1,j}^2}{-K_{i,j}+\dfrac{1-K_{i,j}^2}{\cos\rho_i-K_{i,j}}+K_{i+1,j}}\\
&=\frac{-K_{i,j}K_{i+1,j}\left(\cos\rho_i-K_{i,j}\right)+K_{i+1,j}-K_{i+1,j}K_{i,j}^2+\cos\rho_i-K_{i,j}}{-K_{i,j}\left(\cos\rho_i-K_{i,j}\right)+1-K_{i,j}^2+K_{i+1,j}\left(\cos\rho_i-K_{i,j}\right)}\\
&=\frac{\left(1-K_{i,j}K_{i+1,j}\right)\cos\rho_i-K_{i,j}+K_{i+1,j}}{\left(-K_{i,j}+K_{i+1,j}\right)\cos\rho_i+1-K_{i,j}K_{i+1,j}}
\end{aligned}
\tag{10-6}
$$

令

$$A_j=-K_{i,j}+K_{i+1,j}\,,\quad B_j=1-K_{i,j}K_{i+1,j} \tag{10-7}$$

则式(10-6)可表示为

$$f_{i+1,j}\left(f_{i,j}^{-1}\left(\cos\rho_i\right)\right)=\frac{B_j\cos\rho_i+A_j}{A_j\cos\rho_i+B_j} \tag{10-8}$$

同理可得

$$f_{i+1,j+1}\left(f_{i,j+1}^{-1}\left(\cos\rho_i\right)\right)=\frac{\left(1-K_{i,j+1}K_{i+1,j+1}\right)\cos\rho_i-K_{i,j+1}+K_{i+1,j+1}}{\left(-K_{i,j+1}+K_{i+1,j+1}\right)\cos\rho_i+1-K_{i,j+1}K_{i+1,j+1}} \tag{10-9}$$

令

$$A_{j+1}=-K_{i,j+1}+K_{i+1,j+1}\,,\quad B_{j+1}=1-K_{i,j+1}K_{i+1,j+1} \tag{10-10}$$

则式(10-9)可表示为

$$f_{i+1,j+1}\left(f_{i,j+1}^{-1}\left(\cos\rho_i\right)\right)=\frac{B_{j+1}\cos\rho_i+A_{j+1}}{A_{j+1}\cos\rho_i+B_{j+1}} \tag{10-11}$$

由以上推导可知，刚性可展的判定条件表达式(10-4)可转化为

$$\frac{B_j\cos\rho_i+A_j}{A_j\cos\rho_i+B_j}\equiv\frac{B_{j+1}\cos\rho_i+A_{j+1}}{A_{j+1}\cos\rho_i+B_{j+1}} \tag{10-12}$$

式(10-12)可进一步简化为

$$\left(A_j B_{j+1} - A_{j+1} B_j\right)\cos^2 \rho_i - \left(A_j B_{j+1} - A_{j+1} B_j\right) \equiv 0 \tag{10-13}$$

式(10-13)恒等于 0 的充分必要条件为

$$A_j B_{j+1} - A_{j+1} B_j = 0 \tag{10-14}$$

　　式(10-14)即为四折痕折纸单元组成的折叠板壳结构刚性可展的判定条件，需保证任意由四个内顶点组成的内部平面均满足该式，体系的展开过程才能顺利进行。

　　现验证第 6 章中提到的两种折纸模型的刚性可展特性。Miura 模型中每个内顶点所对应的角度均相等，则各点转换系数相等($K_{i,j} = K^0$)，由刚性可展判定条件表达式(10-14)可知，Miura 模型是刚性可展的。如图 10-3 所示为变角度 Miura 模型中任一内部平面的转换系数。

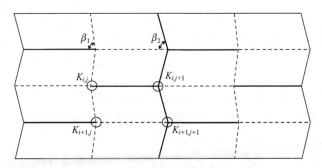

图 10-3　变角度 Miura 模型转换系数

　　虽然变角度 Miura 模型中 $\beta_2 < \beta_1$，但同一纵向褶皱线上的内顶点角度相同，即

$$K_{i,j} = K_{i+1,j}, \quad K_{i,j+1} = K_{i+1,j+1} \tag{10-15}$$

则由式(10-7)和式(10-10)可得

$$A_j = -K_{i,j} + K_{i+1,j} = 0, \quad A_{j+1} = -K_{i,j+1} + K_{i+1,j+1} = 0 \tag{10-16}$$

　　将 $A_j = 0$，$A_{j+1} = 0$ 代入式(10-14)中，可知变角度 Miura 模型满足该式，即该模型也是刚性可展体系，故可基于第 9 章中关于折叠板壳结构展开动力学理论与展开过程程序对变角度 Miura 模型进行动力学仿真分析。

10.2　变角度 Miura 模型动力学仿真分析

　　由 10.1 节中对折叠板壳结构刚性可展判定条件的推导可知，变角度 Miura 模型属于刚性可展体系，因此第 9 章中基于刚性板单元编写的 MATLAB 程序适用于进行此类结构的展开动力学分析。现以单楄变角度 Miura 模型为研究对象，其基本单元个数为 4，每个基本单元中顶角 $\beta_1=80°$，$\beta_2=70°$，线段 l_{CD} 和 l_{AB} 的长度 a 为 0.1m，完全展开状态下基本单元纵向长度为 0.2m，单元划分及节点编号如图 10-4 所示。设其平板材料为钢板，厚度为 1mm，密度为 $7.8×10^3\text{kg/m}^3$，在展开过程中忽略重力的影响，板的厚度及密度主要是用来计算划分后的三角形单元的质量矩阵。

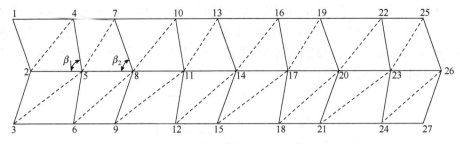

图 10-4　单楄变角度 Miura 模型

　　该模型的四个基本单元由 16 个四边形单元组成，共划分为 32 个三角形单元，分别计算各三角形单元的一致质量矩阵，再根据节点编号组装为整体质量矩阵。模型的初始状态为闭合状态，如图 10-5 所示，在外力的作用下展开至平面状态。在建立模型的过程中，选取节点 5 为坐标原点，根据模型各四边形的几何组成关系计算其他各节点在闭合状态下的初始坐标值。在展开过程中分别对节点 1、3、25 及 27 的 x 方向和 z 方向施加向外的拉力，大小恒为 1N。采用 MATLAB 编制相应的程序，将计算的各节点的初始坐标值输入程序中，形成闭合状态下的变角度 Miura 模型，在外力的驱动下对该模型的展开过程进行模拟分析，将计算结果存储于 Excel 表格中，并根据所得数据输出各节点的动力特性曲线。

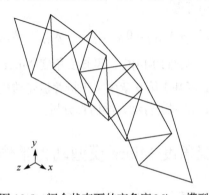

图 10-5　闭合状态下的变角度 Miura 模型

　　该模型的仿真分析会遇到类似于第 9 章中分析 Miura 模型时需要确定总计算时间的问题，可采用与第 9 章中相同的方法来确定总计算时间 T，即观察节点 1 的 x 方向坐标的变化趋势来判断，或者通过程序在各时间点所输出的节点坐标数据绘制模型三维展开示意图进行判断。

　　经分析确定该模型在外力作用下，从闭合到展开成平面状态的总计算时间 T 为 0.3s，分别取 t=0s，0.05s，0.15s，0.25s，0.3s 处的各节点坐标值，绘制模型的三维展开过程，如图 10-6 所示。

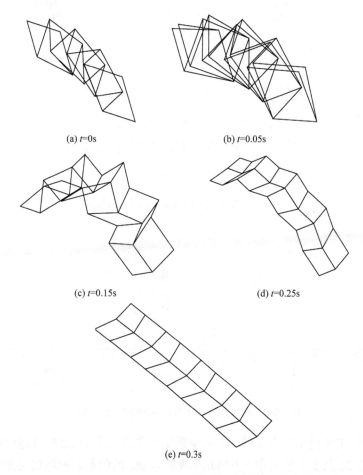

(a) t=0s　　　　(b) t=0.05s

(c) t=0.15s　　　　(d) t=0.25s

(e) t=0.3s

图 10-6　变角度 Miura 模型的三维展开过程

　　由于模型共有 27 个节点，无法全部给出其动力特性数据，现选取节点 1 和节点 5 为研究对象，通过程序计算所得的节点坐标数据绘制两节点在 0.3s 内的变化曲线，如图 10-7 和图 10-8 所示。

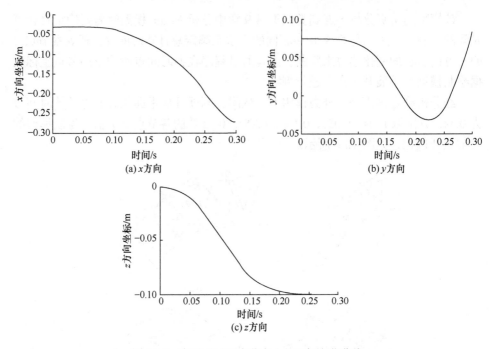

图 10-7　在展开过程中节点 1 的坐标变化曲线

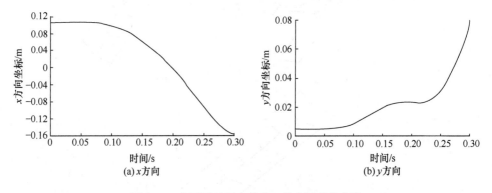

图 10-8　在展开过程中节点 5 的坐标变化曲线

　　图 10-8 中未给出节点 5 的 z 方向坐标变化曲线, 原因是在展开过程中中间节点 2~节点 26 共 9 个节点在 z 方向几乎没有运动, 所绘制的曲线将与图中的时间轴重合。

　　由于模型的节点众多, 在给出节点速度及加速度变化曲线时, 仅选取节点 1 的动力特性数据进行绘制, 如图 10-9 所示。

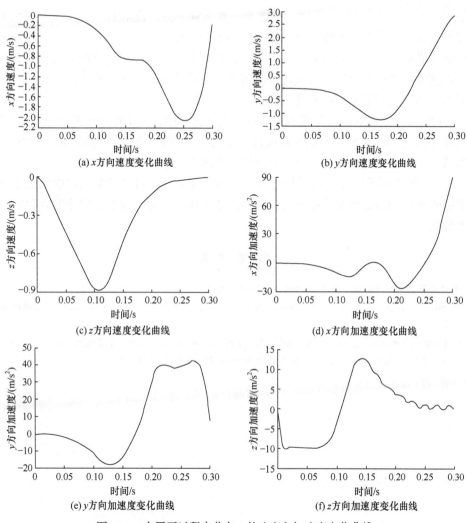

图 10-9　在展开过程中节点 1 的速度和加速度变化曲线

10.3　本 章 小 结

本章主要探讨了四折痕折纸单元组成的折叠板壳结构刚性可展的判定条件，并基于第 9 章中关于折叠板壳结构展开动力学理论与展开过程的 MATLAB 程序，完成了变角度 Miura 模型展开过程的数值仿真分析，所得结论如下。

(1) 根据四折痕折纸单元中相邻面夹角之间的关系，推导出折叠板壳结构刚性可展的判定条件。通过分析可知，一个四折痕折纸单元中的 ρ_i 决定了与其相邻的四折痕折纸单元的 ρ_j，而相邻的四折痕折纸单元的 ρ_j 又决定着另一个与其相邻的四折痕折纸单元的ρ_{i+1}，这一程序会一直重复下去，直至第一个四折痕折纸单元的ρ_i被再次决定，形成闭合回路。当模型中任意一个由四个内顶点组成的内部平面均满足这一闭合回路时，则可确定该模型为刚性可展的折叠板壳结构，此即为四折痕折纸单元组成的折叠板壳结构刚性可展的判定条件，利用这一理论，推导出刚性可展判定条件的表达式。

(2) 通过推导的刚性可展判定条件的表达式，验证了本章所研究的 Miura 模型和变角度 Miura 模型的刚性可展性，说明了基于刚性单元编写的 MATLAB 程序可以进行变角度 Miura 模型的动力学数值仿真分析。

(3) 基于折叠板壳结构展开过程的 MATLAB 程序对由四个基本单元组成的单榀变角度 Miura 模型进行分析，可输出各节点的坐标、速度及加速度等动力特性数据。

参 考 文 献

[1] Hull T. Project Origami[M]. Wellesley: A K Peters, 2013.

[2] Huffman D A. Curvature and creases：A primer on paper[J]. IEEE Transactions on Computers, 1976, 25(10): 1010-1019.

[3] Tachi T. Generalization of rigid foldable quadrilateral mesh origami[J]. Journal of the International Association for Shell and Spatial Structures, 2009, 50(3): 173-179.

第11章　折纸方法在缓冲吸能领域的应用

多孔固体结构作为一种兼具功能和结构双重属性的材料结构，近年来得到了迅速的发展。蜂窝结构作为多孔固体结构的一种，由于其具有密度小、刚度低、压缩变形大及变形可控等优点，是一种理想的缓冲吸能结构，且蜂窝结构成熟的制造工艺，使其在缓冲吸能领域得到广泛应用。由于结构的特殊性，蜂窝结构的缓冲特性与其基体材料的力学性能、蜂窝胞元厚度、胞元尺寸及相对密度有关，这些参数受环境因素的影响较小，所以蜂窝结构缓冲性能稳定，是缓冲装置设计的优选结构。然而由于蜂窝结构的特殊性，其异面-共面方向强度差异过大，作为缓冲装置时通常只采用异面方向吸收冲击能量，需设计导向机构限制缓冲装置的变形方向，因此难以实现缓冲装置真正的小型化与轻量化。针对该问题，本章从折纸方法出发对蜂窝缓冲结构进行设计，研究提高蜂窝结构共面方向强度的设计方法，进而为抗多向冲击蜂窝结构设计提供依据。

11.1　缓冲装置分类及应用

缓冲装置在星球探测着陆缓冲、轨道车辆被动安全防护、桥墩防撞防护等领域有着广泛应用。在星球探测任务中，缓冲装置保护着陆器携带的仪器不被损坏，决定了探测任务的成败。在轨道车辆被动安全防护中，缓冲装置能吸收大部分撞击能量，确保乘员的生命安全。在桥墩防撞防护中，缓冲装置吸收船舶撞击过程的大量能量，保护桥墩免受船舶的直接撞击。根据不同的应用场景，缓冲装置的缓冲方式和工作原理也不尽相同，根据缓冲装置的工作次数，可将其分为一次性缓冲装置和重复性缓冲装置。

1) 一次性缓冲装置

一次性缓冲装置的工作原理为：当外部输入的冲击力大于某一设定的阈值(与设计有关)时，外部的冲击能量将转换为变形能、摩擦能等其他形式的能量，从而达到缓和冲击、保护有效载荷的作用，且转换过程不可逆，缓冲装置只能工作一次，这类缓冲装置称为一次性缓冲装置。一次性缓冲装置在缓冲过程中，不存在与缓冲力方向相反的恢复力，因此被保护物通常不会出现反弹现象，不会产生二次冲击伤害。常用的一次性缓冲装置包括以下几种。

(1) 金属蜂窝缓冲装置。蜂窝结构是一种常用的缓冲吸能结构，具有较好的能量吸收特性。在美国和苏联发射的星球探测着陆缓冲装置上，曾多次采用铝蜂窝作为冲击能量吸收材料，如美国的 Apollo 11 载人登月着陆器及 Viking 无人火星探测器。我国嫦娥三号月球探测器也采用了蜂窝结构作为缓冲装置，此外目前我国高速列车的缓冲装置也采用高强度铝蜂窝缓冲装置，如图 11-1 所示。

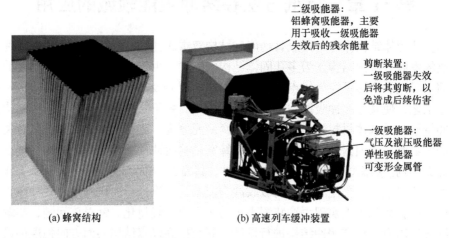

(a) 蜂窝结构　　　　　　　　　　(b) 高速列车缓冲装置

图 11-1　蜂窝结构及高速列车的缓冲装置

(2) 泡沫金属缓冲装置。泡沫金属材料具有密度小、耐热性好、抗冲击等优点，在航天领域高精度光学系统大型支架、航天承力件和热交换器等部件上有诸多应用。泡沫金属典型应力-应变曲线如图 11-2 所示。根据泡沫结构形式，泡沫金属缓冲装置可分为开孔泡沫金属缓冲装置和闭孔泡沫金属缓冲装置，泡沫金属具有近似各向同性的缓冲特性，但其有效压缩行程短，不利于缓冲装置小型化设计。

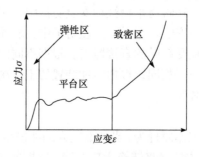

图 11-2　泡沫金属典型应力-应变曲线

(3) 薄壁金属管缓冲装置。薄壁金属管依靠不可逆的塑性屈曲吸收能量，是传统的吸能结构，也是应用最广泛的缓冲吸能结构之一，如图 11-3 所示。研究表明，经过合理的设计，薄壁金属管结构具有可控的破坏模式，较平稳的压缩荷载，是优异的缓冲吸能元件，但薄壁金属管长径比过大时，易发生失稳，从而导致缓冲装置失效。

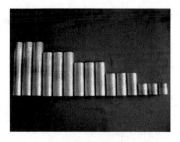

(a) 薄壁金属管　　　　　(b) 缓冲后薄壁金属管　　　(c) 薄壁金属管受压失稳

图 11-3　薄壁金属管缓冲结构

2) 重复性缓冲装置

重复性缓冲装置是指当工作在额定的冲击荷载下时, 缓冲装置可重复使用。组成重复性缓冲装置的环节比较多, 不仅导致其结构复杂, 成本增加, 而且其工作可靠性也会受到一定影响。此外重复性缓冲装置在缓冲过程中, 存在着一个与缓冲力方向相反的恢复力, 使被保护对象容易反弹, 导致被保护对象可能遭受二次冲击伤害。常用的重复性缓冲装置包括液压式缓冲装置、机械式缓冲装置及磁/电流变液缓冲装置等。

综合轨道车辆被动安全防护、星球探测着陆缓冲等任务对缓冲装置的功能需求可知, 通过合理的设计, 一次性缓冲装置具有结构简单、易于实现、工作可靠性高、缓冲后冲击力平稳且适应工作环境能力强等诸多优点。因此, 目前大多数被动安全防护缓冲装置都采用一次性缓冲装置。

11.2　金属蜂窝缓冲装置缓冲特性

蜂窝结构由于其结构的特殊性, 荷载加载方向不同时会表现出不同的力学特性。如图 11-4 所示, 当蜂窝结构受 z 轴方向压缩荷载作用时, 称为异面压缩; 而当压缩荷载的加载方向处于 x-y 平面内时, 称为共面压缩。Gibson 等对蜂窝结构进行了详细的共面压缩及异面压缩特性的理论分析与试验研究[1], 研究表明, 蜂窝结构异面方向的结构强度远大于其共面方向的结构强度, 在设计缓冲装置时, 通常以有效的质量和空间内吸收更多的能量为设计目标, 因此常选用异面方向作为蜂窝结构缓冲吸能方向。

根据力学性能对蜂窝结构进行分类: 脆性蜂窝结构(陶瓷)、弹性蜂窝结构(橡胶)和弹塑性蜂窝结构(金属)。通常选用弹塑性蜂窝结构为缓冲吸能结构, 弹塑性蜂窝结构在受到异面荷载作用时, 其变形过程力学特性可分为三个阶段: 弹性变形阶段、稳态塑性变形阶段及密实阶段。图 11-5 为典型弹塑性蜂窝结构在异面压缩荷载作用下的荷载-位移曲线。

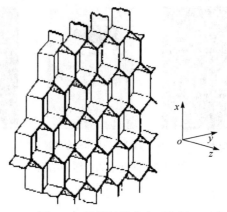

图 11-4　蜂窝结构方向示意图

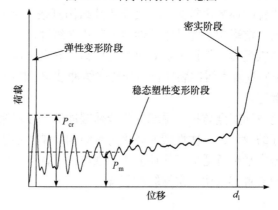

图 11-5　典型弹塑性蜂窝结构在异面压缩荷载作用下的荷载-位移曲线

(1) 弹性变形阶段。对于弹塑性金属蜂窝结构，在加载的初始阶段孔壁自身发生弯曲变形，荷载未达到蜂窝结构屈曲强度之前表现出随位移增加而线性增大的趋势，此阶段蜂窝结构通过弹性变形来吸收能量，荷载卸去后，蜂窝结构会恢复变形。弹性变形阶段蜂窝结构主要发生弹性屈曲，当荷载超过屈曲强度时，会进入稳态塑性变形阶段，通常屈曲强度对应荷载-位移曲线的初始峰值力 P_{cr}。

(2) 稳态塑性变形阶段。进入稳态塑性变形阶段，荷载波动趋于稳定，此阶段金属蜂窝结构以轴向有规律的塑性坍塌变形吸收能量，该阶段是蜂窝结构缓冲吸能的主要阶段。通常将该阶段荷载的平均值定义为蜂窝结构的平均荷载 P_m，是表征蜂窝结构吸能性能和缓冲装置设计好坏的一个重要指标。

(3) 密实阶段。伴随着变形逐渐增加，蜂窝结构最终被压实，其孔壁材料进一步堆叠在一起，导致最后阶段荷载急剧增大。密实阶段的蜂窝结构变形位移是表征蜂窝结构吸能能力的另一个重要参数，是计算缓冲装置比吸能的重要指标。

11.3　预折叠蜂窝结构设计

蜂窝结构作为缓冲吸能装置时，通常会配有导向机构以限制其沿异面方向变形吸能，如月球探测着陆器的着陆腿、高速列车缓冲装置的导向槽等，这些导向机构使得缓冲装置难以真正的小型化与轻量化。在分析蜂窝结构受异面冲击荷载作用时，通常提取其基本结构 Y 型胞元进行分析。

以图 11-6(c) 所示的 Y 型胞元为研究对象，研究人员对冲击荷载作用下的 Y 型胞元进行了理论与仿真研究，研究结果表明，蜂窝结构受冲击荷载作用会产生周期性塑性坍塌变形吸收能量，在理论研究中，美国国家航空航天局喷气推进实验室(Jet Propulsion Laboratory, JPL)工程师 McFarland 第一次通过力学分析，建立了金属蜂窝结构受压缩荷载作用的力学分析模型，如图 11-7 所示[2]。该模型将铝蜂窝结构受异面压缩荷载作用产生的变形定义为一种周期性的折叠变形，如图 11-7(a) 所示，假设该变形模式与一正一反布置的 Miura 折纸模式相似。

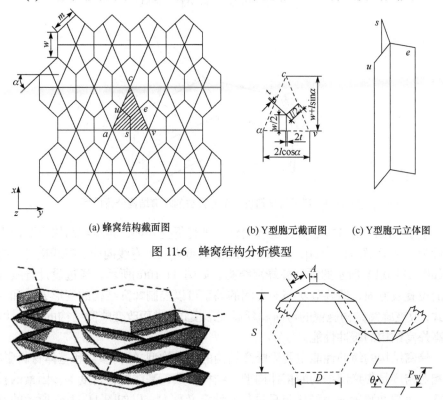

(a) 蜂窝结构截面图　　　　(b) Y型胞元截面图　　(c) Y型胞元立体图

图 11-6　蜂窝结构分析模型

(a) 周期性折叠分析模型　　　　　(b) 基本单元分析模型

图 11-7　McFarland 的六边形蜂窝结构分析模型[2]

在该模型的基础上 Wierzbicki 建立了新的蜂窝结构力学特性分析模型，并增加了圆弧区域[3]。分析模型由梯形面、水平圆柱面、倾斜的锥形面和环形面组成，如图 11-8 所示。这种带有圆弧形的分析模型更贴近蜂窝结构的实际变形过程。2000 年，Wierzbicki 提出简化超折叠单元的概念，将蜂窝 Y 型胞元吸能分为弯曲吸能和延展吸能两部分，基于简化超折叠单元方法的蜂窝结构分析模型如图 11-9 所示，假设该分析模型的变形模式同样与 Miura 折纸方法的折叠过程相似。

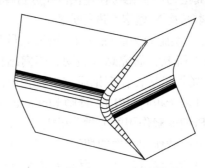

图 11-8　Wierzbicki 分析模型[3]

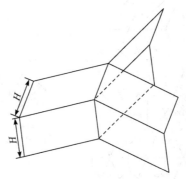

图 11-9　基于简化超折叠单元方法的蜂窝结构分析模型

基于 Miura 折纸方法对传统蜂窝结构进行折叠处理，将蜂窝结构沿面内方向假设为一平面[图 11-10(a)]，并采用 Miura 折纸方法沿脊线向内、谷线向外，折叠成如图 11-10(b) 所示的预折叠蜂窝结构。如图 11-10(c)所示，通过设计脊线及谷线的位置及方向，即调节 α 与 γ 之间的关系可以控制蜂窝结构的变形方向和变形模式，改变蜂窝结构胞壁的弯曲和延展变形模式，进而改变蜂窝结构的力学性能，提高蜂窝结构的缓冲性能。

蜂窝结构的缓冲性能主要受蜂窝结构的拓扑构型、结构参数和基体材料影响，而相对密度是集蜂窝结构的拓扑构型、结构参数、基体材料密度等多因素的技术指标，对缓冲装置的小型化与轻量化设计意义重大。以如图 11-11(a) 所示的预折叠蜂窝结构为例，推导不同折叠角度的预折叠蜂窝结构的相对密度。为不失普适性，预折叠蜂窝结构由多层正六边形斜棱柱拼接而成，如图 11-11(b) 所示，每层斜棱柱的底面形成平行于 xoy 平面的正六边形密排网格，每层斜棱柱高度为 H，对应点的偏移坐标为 (x,y)，若采用向量表示，则斜棱柱的楞向量 v 的坐标为 $(x,y,-H)$，为方便建模表征，在柱坐标中预折叠蜂窝结构上任意一点可表示为 $(r,\theta,-H)$，其中 $r=\sqrt{x^2+y^2}$，$\tan\theta=y/x$，如图 11-11(c) 所示。

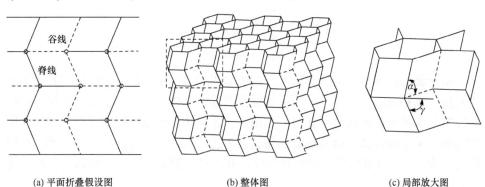

(a) 平面折叠假设图　　　　　(b) 整体图　　　　　(c) 局部放大图

图 11-10　基于 Miura 折叠法建立的预折叠蜂窝结构

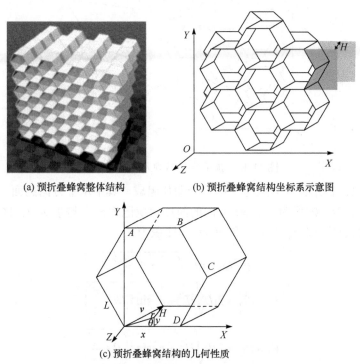

(a) 预折叠蜂窝整体结构　　　　　(b) 预折叠蜂窝结构坐标系示意图

(c) 预折叠蜂窝结构的几何性质

图 11-11　预折叠蜂窝结构的几何参数

对整体结构进行分析，在图 11-11(a) 与 (b) 中，以 x 方向为行，y 方向为列，z 方向为层，假设该模型具有 n_1 行 n_2 列 n_3 层。

对单个蜂窝胞元进行分析，在图 11-11(c) 中，每个基本胞元六边形边长为 L，每层胞元之间的距离为 H，向量 v 和 r 满足以下转换关系：

$$
\begin{cases}
v = (x, y, -H) \\
r = (x, y, 0) \\
x = r\cos\theta \\
y = r\sin\theta
\end{cases}
\tag{11-1}
$$

由于预折叠蜂窝结构的对称性，选取如图 11-12 所示的预折叠 Y 型胞元为分析对象，该胞元边长为 L，由两层棱柱侧面连接而成，且呈镜像对称结构。预折叠蜂窝结构可由此胞元经平移与复制得到，其整体变形是多个胞元变形共同作用的结果。考虑到传统六边形蜂窝结构制备工艺，AB 边厚度为 $2t$，BC 边和 CD 边厚度均为 t。材料采用理想刚塑性假设，并假设预折叠蜂窝结构所采用材料的等效塑性应力为 σ_0。

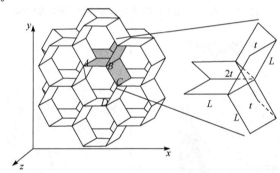

图 11-12　预折叠 Y 型胞元的选取方法

图 11-12 中所示的 Y 型胞元由六个面片组成。其中水平方向的面片面积记为 S_1，厚度为 $2t$，体积为 V_1；60° 方向的面片面积记为 S_2，厚度为 t，体积为 V_2；−60° 方向的面片面积记为 S_3，厚度为 t，体积为 V_3。

$$
V_1 = 2tS_1 = 4tL\sqrt{H^2 + r^2\sin^2\theta}
\tag{11-2}
$$

$$
V_2 = tS_2 = 2tL\sqrt{H^2 + r^2\sin^2\left(\theta - \frac{\pi}{3}\right)}
\tag{11-3}
$$

$$
V_3 = tS_3 = 2tL\sqrt{H^2 + r^2\sin^2\left(\theta + \frac{\pi}{3}\right)}
\tag{11-4}
$$

与普通蜂窝结构不同，预折叠蜂窝结构引入了折叠角度与折痕位置的影响，因此，为便于研究折叠因素对蜂窝结构性能的影响，以 r、θ 为变量，H、L 为常量进行计算，则模型总体积为

$$V = 2\left(n_2 L + \frac{n_2+1}{2}L + r\cos\theta\right)(\sqrt{3}n_1 L + r\sin\theta)n_3 H \tag{11-5}$$

总质量为

$$m = \rho\left[\left(n_1 n_2 + \frac{n_2+1}{2}\right)n_3 V_1 + (n_2+1)n_1 n_3 V_2 + (n_2+1)n_1 n_3 V_3\right] \tag{11-6}$$

则相对密度可表示为

$$\bar{\rho} = \frac{m}{V} = \rho\frac{\left(n_1 n_2 + \frac{n_2+1}{2}\right)n_3 V_1 + (n_2+1)n_1 n_3 V_2 + (n_2+1)n_1 n_3 V_3}{2\left(n_2 L + \frac{n_2+1}{2}L + r\cos\theta\right)(\sqrt{3}n_1 L + r\sin\theta)n_3 H}$$

$$= \rho\frac{n_1 tL\left[2n_2\sqrt{H^2 + r^2\sin^2\theta} + (n_2+1)\sqrt{H^2 + r^2\sin^2\left(\theta-\frac{\pi}{3}\right)} + (n_2+1)\sqrt{H^2 + r^2\sin^2\left(\theta+\frac{\pi}{3}\right)}\right] + tL(n_2+1)\sqrt{H^2 + r^2\sin^2\theta}}{\left(n_2 L + \frac{n_2+1}{2}L + r\cos\theta\right)(\sqrt{3}n_1 L + r\sin\theta)H}$$

$$\tag{11-7}$$

式中，m 为预折叠蜂窝结构的总质量；V 为预折叠蜂窝结构的总体积；ρ 为预折叠蜂窝结构的基体材料密度。当 $n_1, n_2, n_3 \rightarrow \infty$ 时，相对密度可表示为

$$\bar{\rho} \approx \rho\frac{tL\left[2\sqrt{H^2 + r^2\sin^2\theta} + \sqrt{H^2 + r^2\sin^2\left(\theta-\frac{\pi}{3}\right)} + \sqrt{H^2 + r^2\sin^2\left(\theta+\frac{\pi}{3}\right)}\right]}{\left(\frac{3}{2}L\right)(\sqrt{3}L)H} \tag{11-8}$$

假设 $G = r/H$，则相对密度可表示为

$$\bar{\rho} = \rho\frac{2t}{3\sqrt{3}L}\left[2\sqrt{1 + G^2\sin^2\theta} + \sqrt{1 + G^2\sin^2\left(\theta-\frac{\pi}{3}\right)} + \sqrt{1 + G^2\sin^2\left(\theta+\frac{\pi}{3}\right)}\right] \tag{11-9}$$

当 $G=0$ 时，相对密度为 $\bar{\rho} = \rho\frac{8t}{3\sqrt{3}L}$，与普通正六边形蜂窝结构相对密度相同。

11.4 预折叠蜂窝结构力学分析

缓冲结构缓冲性能的数学表征方法是缓冲装置设计的关键，且数学模型使重复的科学验证成为可能。预折叠蜂窝结构的变形模式是其缓冲性能理论建模的关

键，首先采用 Patran 软件建立预折叠蜂窝结构在冲击荷载作用下的动力学仿真模型，在 LS-DYNA 软件下进行动力学仿真研究并获得共面方向冲击荷载作用下的变形模式，图 11-13 为预折叠蜂窝结构 Y 方向受冲击荷载作用的变形过程，从图中可以看出，经折叠处理的蜂窝结构在 Y 方向压溃过程呈现出分层压溃的变形模式。在压溃过程中，Y 型胞元仅有一个面发生较大变形，变形后形成一个曲面，且 Y 型胞元的三面夹角基本不变，斜六棱柱的棱基本保持平行。

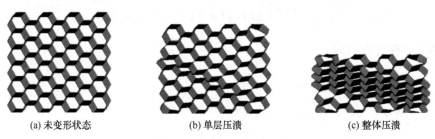

(a) 未变形状态　　　　　　　(b) 单层压溃　　　　　　　(c) 整体压溃

图 11-13　预折叠蜂窝结构 Y 方向受冲击荷载作用的变形过程

图 11-14 为 Y 型胞元的变形示意图，假设蜂窝结构无限大，在变形过程中 AD、BC 两边始终保持在竖直平面内，则平面 $ABCD$ 的变形可认为是由 CD 边经平移至 $C'D'$ 位置造成的。由结构对称性可得，$\triangle ABC$ 与 $\triangle ACD$ 的受力与几何性质均对称，这意味着此二者的变形也完全对称，即二者变形后的曲面形状完全相同并关于曲线 AC' 对称。因此只需要分析 $\triangle ABC$ 的变形即可。

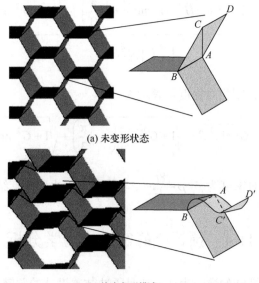

(a) 未变形状态

(b) 单边变形模式

图 11-14　预折叠蜂窝结构 Y 方向压溃胞元变形模式

由于预折叠蜂窝结构是典型的薄壳结构，而薄壳结构在简单的荷载作用下其变形曲面通常为直纹面。因此，假设曲面 $ABC'D'$ 为直纹面。直纹面是可展开曲面，在不发生面内延展的情况下可展开为一个平面。基于直纹面假设，如图 11-15(a) 所示，变形后曲面由直线绕 A 点及 C' 点转动而成，即曲面上的直线一定过 A 点或 C' 点。因此，只需确定曲线 BC' 的形状，曲面形状就可以随之确定。建立如图 11-15(b) 所示的坐标系 XBY，其坐标平面在竖直平面内，X 轴沿 BC' 方向，原点为 B。令 $|BC'| = a$，在此坐标系中，曲线 BC' 的方程为 $Y = Y(X)$。

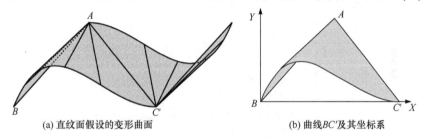

(a) 直纹面假设的变形曲面　　　　　　(b) 曲线 BC' 及其坐标系

图 11-15　Y 型胞元变形的直纹面假设

根据以上假设和几何对称性，提出如下边界条件：

$$
\begin{aligned}
Y(0) &= 0 \\
Y(a) &= 0 \\
Y'(0) &= \tan\beta = k \\
Y'(a) &= 0
\end{aligned}
\tag{11-10}
$$

式中，β 为曲线 BC' 在 B 点处切线与 X 轴之间的夹角。假设在变形过程中，Y 型胞元三面的夹角不变，则 β 可由 C' 的位置唯一确定。

考虑到薄壳 $ABCD$ 的变形实际上只是一个单向受载的屈曲过程，类比于平板弯曲的理论解，假设曲线 BC' 的方程为三次曲线。根据边界条件(11-10)，可以确定曲线方程为 $Y = \dfrac{k}{a^2} X(X-a)^2$。值得注意的是，以上边界条件需要满足 $0 \leqslant \beta < 90°$，否则会使得 $k < 0$，出现病态解。但是随着 C' 点位置的不同，β 最大可达到 $120°$。实际上，数值模拟显示，在变形较大时，Y 型胞元三面的夹角也会出现明显的变化。为了避免病态解的出现，对斜率进行修正，令 β 为 BC' 与 BC 的夹角，而 $k = \tan(3\beta/4)$。因此，确定 C' 点的位置即可确定曲面 ABC' 的形状。

预折叠蜂窝结构缓冲吸能时的能量吸收分为弯曲吸能 E_{b} 和延展吸能 E_{m} 两部分。延展吸能 E_{m} 与应力状态有关，根据理想刚塑性假设，若面积为 S 的平面变形后应变处处相等，则其延展吸能为 $E_{\mathrm{m}} = \left(\left| \varepsilon^{\mathrm{I}} \right| + \left| \varepsilon^{\mathrm{II}} \right| \right) \sigma_0 t S$，其中 ε^{I}、$\varepsilon^{\mathrm{II}}$ 为主应变。弯曲吸能表现为塑性铰的转动，长为 l 的塑性铰转动 ω 角度，能量吸收为

$E_b = M\omega l$，其中，$M = \sigma_0 t^2 / 4$，为塑性铰的塑性力矩。

　　基于直纹面假设，可将变形后的曲面在不发生延展变形的情况下在平面展开，从而将弯曲吸能与延展吸能解耦。考虑六棱柱棱长向量为$(r,\theta,-H)$，壁厚为t，六边形边长为L的预折叠蜂窝结构的变形如图 11-16 所示，$\triangle ABC$ 上的 D 点、E 点变形后为曲线 BC' 上的 D' 点、E' 点，同张角为 $\mathrm{d}\phi$ 的三角形面片 ADE 变形为曲面上张角为 $\mathrm{d}\alpha$ 的三角形面片 $AD'E'$。F、G 两点为 D'、E' 两点在坐标平面 XBZ 上的投影，其中 γ 为 BC 与 AB 的夹角，φ 为 BC' 与 AB 的夹角，β 为 BC 与 BC' 的夹角。

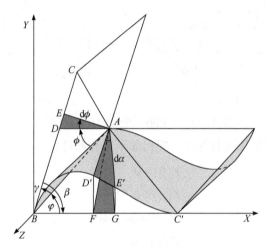

图 11-16　Y 型胞元的延展吸能

　　图 11-16 中，$b = |AB| = \sqrt{r^2 + H^2}$，相关点的坐标为 $B(0,0,0)$，$A\left(b\cos\varphi,\right.$ $\left.\sqrt{r^2 - b^2\cos^2\varphi}, -H\right)$，$C(L\cos\beta, L\sin\beta, 0)$，$C'(a,0,0)$。

　　由变形前后各点的对应关系，有 $|BD|/|BC| = |BF|/|BC'|$。于是可得

$$|BF| = \frac{ab\sin\phi}{L\sin(\phi + \gamma)} \tag{11-11}$$

因此，D' 的坐标为

$$\left(\frac{ab\sin\phi}{L\sin(\phi+\gamma)}, \frac{kab\sin\phi}{L\sin(\phi+\gamma)}\left(\frac{b\sin\phi}{L\sin(\phi+\gamma)} - 1\right)^2, 0\right) \tag{11-12}$$

　　同理可以得到 E' 点的坐标，从而可以计算 AD'、AE'、$D'E'$ 的长度。根据余弦定理，有

$$\cos(\mathrm{d}\alpha) = \frac{|AD'|^2 + |AE'|^2 - |D'E'|^2}{2\,|AD'|\,\|AE'|} \tag{11-13}$$

在小角度情况下有近似关系 $\cos(\mathrm{d}\alpha) = 1 - 2\sin^2\dfrac{\mathrm{d}\alpha}{2} \approx 1 - \dfrac{(\mathrm{d}\alpha)^2}{2}$，所以有

$$\mathrm{d}\alpha = \sqrt{\frac{|D'E'|^2 - (|AD'| - |AE'|)^2}{|AD'|\,\|AE'|}} \tag{11-14}$$

综上所述，原边长为 $|AE|$、$|AD|$，夹角为 $\mathrm{d}\phi$ 的 $\triangle ADE$ 变形后成为边长为 $|AE'|$、$|AD'|$，夹角为 $\mathrm{d}\alpha$ 的 $\triangle AD'E'$，按延展吸能 $\mathrm{d}E_\mathrm{m}$ 的理论计算方法，可求得压溃过程的延展吸能为

$$E_\mathrm{m} = \int_{D\in BC} \mathrm{d}E_\mathrm{m} \tag{11-15}$$

弯曲吸能可按照图 11-17 所示进行计算，变形前相邻的张角均为 $\mathrm{d}\phi$ 的三角形面片 ADE 与 AEF 变形后变为 $AD'E'$ 与 $AE'F'$，$AD'E'$ 与 $AE'F'$ 的法向量分别为

$$\boldsymbol{n}_1 = \frac{AD' \times D'E'}{|AD'|\,\|D'E_1'|} \tag{11-16}$$

$$\boldsymbol{n}_2 = \frac{AE' \times E'F'}{|AE'|\,\|E'F'|} \tag{11-17}$$

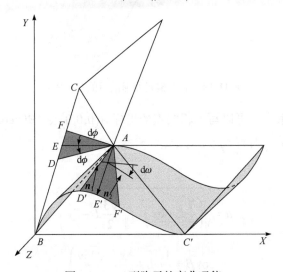

图 11-17　Y 型胞元的弯曲吸能

由此塑性铰转角 $\mathrm{d}\omega$ 可表示为

$$\mathrm{d}\omega = \sqrt{2(1 - \boldsymbol{n}_1 \cdot \boldsymbol{n}_2)} \tag{11-18}$$

塑性铰长度为

$$l = |AE'| \tag{11-19}$$

从而可计算塑性铰吸能为

$$dE_b = Ml d\omega \tag{11-20}$$

总的弯曲吸能为

$$E_b = \int_{E \in BC} Ml d\omega \tag{11-21}$$

由于 E_m 与 E_b 的显式表达式较为复杂，本章采用数值积分的方法求解，E_m 与 E_b 均由 C' 的位置唯一确定，如图 11-18 所示，C 点向 x 方向平移 δx，再竖直向下平移 δy 后移动至 C' 点位置。

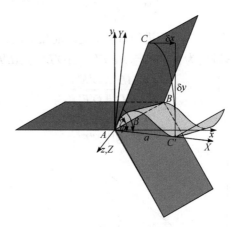

图 11-18　Y 型胞元变形前后的几何关系

在 xyz 坐标系中，可以写出相关点的坐标 $A(0,0,0)$、$B(r\cos\theta, r\sin\theta, -H)$、$C\left(L/2, \sqrt{3}L/2, 0\right)$、$C'\left(L/2 + \delta x, \sqrt{3}L/2 - \delta y, 0\right)$。

从而得到

$$a = \sqrt{\left(\frac{1}{2}L + \delta x\right)^2 + \left(\frac{\sqrt{3}}{2}L - \delta y\right)^2} \tag{11-22}$$

$$\cos\beta = \frac{1}{a}\left(L + \frac{\delta x}{2} - \frac{\sqrt{3}\delta y}{2}\right) \tag{11-23}$$

$$\cos\gamma = \frac{r\sin\left(\theta + \frac{\pi}{6}\right)}{b} \tag{11-24}$$

$$\cos\phi = \frac{rL\sin\left(\theta+\dfrac{\pi}{6}\right)+r\delta x\cos\theta-r\delta y\sin\theta}{ab} \tag{11-25}$$

综合式(11-22)～式(11-25)，可求得胞元变形至任意位置时所吸收的能量 $E(\delta x,\delta y)$。

选取结构及材料参数 $L=8.8\text{mm}$，$t=0.5\text{mm}$，$\sigma_0=270\text{MPa}$，$r=\sqrt{2}L/2$，$\theta=\pi/4$ 的预折叠蜂窝结构进行 Y 方向受载的能量吸收分析，按前文所述的计算方法可绘制出 Y 型胞元的能量吸收曲面 $E(\delta x,\delta y)$，如图 11-19 所示。

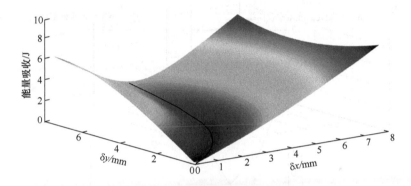

图 11-19　Y 型胞元的能量吸收曲面

根据能量最低原理，C' 点真实的运动曲线 $\delta x(\delta y)$ 应使得能量保持最低状态，即

$$\delta x(\delta y)=\underset{\delta x}{\arg\min}\,E(\delta x,\delta y) \tag{11-26}$$

图 11-19 中黑色曲线表示 C' 点的真实运动轨迹。由该曲线可以得到 Y 型胞元的能量吸收随 C' 被下压的位移 δy 的变化关系，如图 11-20(a) 所示。

$$\hat{E}(\delta y)=\underset{\delta x}{\min}\,E(\delta x,\delta y) \tag{11-27}$$

从而得到Y型胞元的瞬时应力

$$\hat{\sigma}=\frac{1}{S}\frac{\mathrm{d}\hat{E}}{\mathrm{d}(\delta y)} \tag{11-28}$$

式中，S 为 Y 型胞元的等效截面积，如图 11-20(b)所示，$S=3HL/2$，Y 型胞元的等效瞬时应力曲线如图 11-20(c)所示。由此可得胞元 Y 方向受载的各项力学性质。

另一共面方向，X 方向的缓冲性能也可以通过此方法进行求解分析。

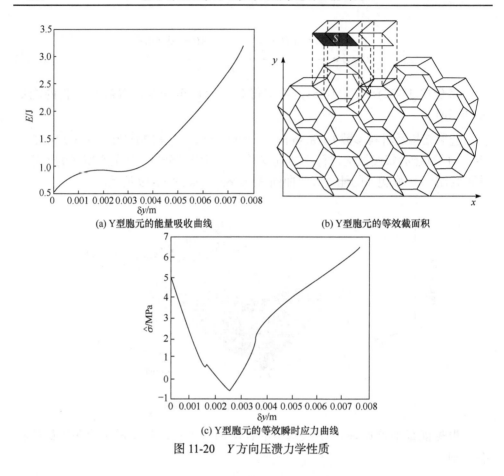

(a) Y型胞元的能量吸收曲线　　　　　(b) Y型胞元的等效截面积

(c) Y型胞元的等效瞬时应力曲线

图 11-20　Y 方向压溃力学性质

11.5　预折叠蜂窝结构耐撞性设计

为了进一步探究预折叠蜂窝结构的缓冲性能，基于 Patran 仿真平台建立预折叠蜂窝结构仿真模型，以 LS-DYNA 软件作为分析求解器对预折叠蜂窝结构受冲击荷载作用的缓冲特性进行求解分析。仿真模型置于两层冲击平板间，底层平板固定，上层平板以一定初始速度对仿真模型进行冲击。蜂窝结构有限元模型示意图如图 11-21 所示。为防止在冲击过程中蜂窝模型各面之间产生接触穿透现象，仿真中接触模型选择通用的单面接触。为更准确地模拟预折叠蜂窝结构真实受压情况，设置刚性平板与蜂窝结构之间的动摩擦系数为 0.17，蜂窝孔壁之间的摩擦系数为 0.1。为保证仿真结果有足够的精度，采用 Belytschko-Tsay 壳单元对蜂窝结构进行模拟。该单元采用面内单点积分，计算速度快，对于大范围的变形问题，Belytschko-Tsay 壳单元通常被视为稳定、有效的分析单元，广泛应用于大变形问题的分析求解中。

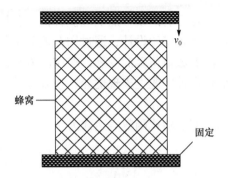

图 11-21 蜂窝结构有限元模型示意图

设置冲击速度为 10m/s，模拟落锤质量为 20kg，选用塑性随动模型模拟蜂窝结构基体材料，仿真用基体材料弹性模量为 69GPa，密度为 2740kg/m³，泊松比为 0.33，屈服强度设置为 270MPa。图 11-22 为预折叠蜂窝结构受冲击荷载作用下的变形过程图，在受到冲击荷载作用时预折叠蜂窝结构通过胞元塑性弯曲与延展吸收能量，变形模式与折痕位置和折叠角度有关。

图 11-22 预折叠蜂窝结构冲击变形过程仿真模拟

11.4 节研究表明，预折叠蜂窝结构吸能特性受折叠角度和折痕位置影响较大，如何通过参数变化，得到一个吸能效率最高的预折叠蜂窝结构变得非常重要。而预折叠蜂窝结构在冲击荷载作用下会产生材料和几何的非线性行为，且吸能特性分析问题的输入和输出关系难以确定。对于具有多种非线性行为的碰撞问题，特别是结构较为复杂的模型，进行一次仿真分析耗时较长。因此研究人员试图寻找一种近似模型技术。近似模型技术是利用已知点的响应信息，对未知点的响应值进行预测的一种数学回归方法，其本质是对一组离散数据点进行带有精度约束的拟合方法。

响应面方法是一种常用的近似模型技术，使用该方法可以构造分析问题的近似函数表达式。许多科学和工程问题事先并不能确定输入与输出之间的真实函数关系。但由微积分可知，任意函数都可分段用多项式来逼近。因此本节采用响应面方法，建立预折叠蜂窝结构吸能特性的数学模型，对不同预折叠蜂窝结构的吸能特性进行分析。

响应面方法是一种建立数学模型的有效方法，尤其适用于多输入单输出的优化设计。该方法最早提出是在 1951 年，其基本思想是在实验测试的基础上，通过数值分析或经验公式，依据已有的设计点响应值，构造测量值的函数表达式。早期的响应面方法主要用于优化实验设计，通过构造近似函数可以显著减少优化设计的计算量。近年来，随着数值仿真的发展，响应面方法被广泛应用于冲击仿真中，并且在薄壁结构优化设计问题上表现优异，该方法被许多学者用来表征薄壁结构特性。

响应面方法建立的近似多项式函数表达式为

$$y^r(x) = \sum_{i=1}^{n} \beta_i \varphi_i(r,\theta) \tag{11-29}$$

式中，n 为多项式 $\varphi_i(r,\theta)$ 的个数。

一阶、二阶多项式函数通常用于求解线性问题，而最常用的四阶多项式主要用于求解更复杂的设计变量与目标函数的关系，这是因为高阶多项式需要更多的仿真样本点，而低阶多项式又无法提供足够的计算精度。典型的四阶多项式近似表达式如下：

$$
\begin{aligned}
&1, x_1, x_2, \cdots, x_n \\
&x_1^2, x_1 x_2, \cdots, x_1 x_n, \cdots, x_n^2 \\
&x_1^3, x_1^2 x_2, \cdots, x_1^2 x_n, x_1 x_2^2, \cdots, x_1 x_n^2, \cdots, x_n^3 \\
&x_1^4, x_1^3 x_2, \cdots, x_1 x_n^3, x_1^2 x_2^2, \cdots, x_1^2 x_n^2, \cdots, x_1 x_2^3, \cdots, x_1 x_n^3, \cdots, x_n^4
\end{aligned}
\tag{11-30}
$$

公式(11-30)中包括交叉项，这使得该公式具有更高的计算精度。多项式系数 $c = (\beta_1, \beta_2, \cdots, \beta_n)$ 为

$$c = (\phi^{\mathrm{T}} \phi)^{-1} (\phi^{\mathrm{T}} y) \tag{11-31}$$

式(11-31)中 ϕ 为

$$
\phi = \begin{bmatrix}
\varphi_1(x^{(1)}) & \cdots & \varphi_n(x^{(1)}) \\
\vdots & & \vdots \\
\varphi_1(x^{(m)}) & \cdots & \varphi_n(x^{(m)})
\end{bmatrix}
\tag{11-32}
$$

式中，m 为仿真样本点个数。通过式(11-31)和式(11-32)可以求得近似多项式系数。对于四阶近似函数至少需要 15 个数据点才能求出全部系数。为在合理的设计空间内选择样本点，对仿真研究中蜂窝结构参数进行实验设计来决定设计空间中必须进行数值实验的设计点。实验设计是以概率论、数理统计和线性代数等为理论基础，以科学安排实验方案、正确分析实验结果为目标的一种数学方法。使用实验设计方法，可以更有效地分布数据点。常用的实验设计方法有：正交实验设计、拉丁方实验设计、修正的拉丁方实验设计以及全因素实验设计。

由于输入的设计变量只有错动位移 r 与错动角 θ 两个参数，且全因素实验设计方法具有在已知空间内平均分布的特点，故选用全因素实验设计方法对仿真需要的数据点进行分布。本章分别对 r 为 $(0.1, 0.3, 0.5, 0.7, 0.9) \times \sqrt{2}L$，$\theta$ 为 $(1, 2, 3, 4, 5) \times \pi / 12$ (θ 采用弧度制)的预折叠蜂窝结构进行仿真分析。表 11-1 为六边形边长 L=8.8mm，厚度 t=0.5mm 的预折叠蜂窝结构的仿真结果。

表 11-1　预折叠蜂窝结构的仿真结果

序号	r/mm	θ/rad	σ/MPa	SEA$_m$/(kJ/kg)	SEA$_V$/(MJ/m^3)
1	1.244508	$\pi/12$	1.593	4.847	1.187
2	1.244508	$\pi/6$	1.488	4.644	1.135
3	1.244508	$\pi/4$	1.585	4.877	1.192
4	1.244508	$\pi/3$	1.555	4.692	1.147
5	1.244508	$5\pi/12$	1.546	4.611	1.127
6	3.733524	$\pi/12$	2.716	8.120	2.019
7	3.733524	$\pi/6$	2.496	7.193	1.785
8	3.733524	$\pi/4$	2.234	6.066	1.507
9	3.733524	$\pi/3$	2.252	6.083	1.517
10	3.733524	$5\pi/12$	2.232	5.654	1.416
11	6.222540	$\pi/12$	3.881	10.626	2.745
12	6.222540	$\pi/6$	3.556	8.824	2.281
13	6.222540	$\pi/4$	3.407	8.779	2.284
14	6.222540	$\pi/3$	3.317	8.458	2.222
15	6.222540	$5\pi/12$	3.291	8.277	2.195
16	8.711556	$\pi/12$	5.233	13.405	3.652
17	8.711556	$\pi/6$	4.898	11.904	3.260
18	8.711556	$\pi/4$	4.622	11.203	3.107
19	8.711556	$\pi/3$	4.510	10.754	3.030
20	8.711556	$5\pi/12$	4.490	10.477	2.998
21	11.200570	$\pi/12$	6.396	14.533	4.209
22	11.200570	$\pi/6$	6.020	13.576	3.973
23	11.200570	$\pi/4$	5.336	10.503	3.132
24	11.200570	$\pi/3$	6.033	11.707	3.565
25	11.200570	$5\pi/12$	5.824	12.269	3.814

　　使用响应面方法建立的多项式函数模型具有良好的连续性和可导性，能够有效去除数字噪声的影响，并且易于实现寻优。同时根据多项式函数各分量系数的大小，可以判断各项参数对整个系统响应影响的大小，在处理接触-碰撞这类复杂的非线性动力学问题时，响应面方法是一种有效的近似求解技术。但是在处理多输入参数时，要得到足够精度的多项式，需要进行实验设计的点较多，较难找到合适的多项式。由于研究的是预折叠蜂窝结构的吸能特性，输入参数为错动位移 r 和错动角 θ 两个参数，所以适合选用四阶多项式函数进行表征。通过表 11-1 的仿真结果，根据式(11-31)和式(11-32)，可求得预折叠蜂窝结构平均应力、质量比吸能、体积比吸能的数学模型：

$$
\begin{aligned}
\sigma = &-0.39621 + 0.4440138r + 11.036958\theta + 0.015612r^2 \\
&-0.486434r\theta - 25.42317\theta^2 + 0.0012109r^3 - 0.006938r^2\theta \\
&+0.3821339r\theta^2 + 23.496587\theta^3 - 0.000141r^4 + 0.0004452r^3\theta \\
&+0.0092321r^2\theta^2 - 0.150247r\theta^3 - 7.43423\theta^4
\end{aligned} \tag{11-33}
$$

$$
\begin{aligned}
\text{SEA}_m = &0.606572004 + 2.065273059r + 18.78159355\theta - 0.274482536r^2 \\
&-0.73865083r\theta - 48.03441869\theta^2 + 0.035327573r^3 + 0.131749481r^2\theta \\
&-1.292572101r\theta^2 + 50.47636368\theta^3 - 0.001604648r^4 - 0.008353717r^3\theta \\
&+0.04209153r^2\theta^2 + 0.602154999r\theta^3 - 17.65956493\theta^4
\end{aligned} \tag{11-34}
$$

$$
\begin{aligned}
\text{SEA}_V = &0.012787443 + 0.50597208r + 5.6378877897\theta - 0.075990896r^2 \\
&-0.082224824r\theta - 14.54925105\theta^2 + 0.011175048r^3 + 0.021675484r^2\theta \\
&-0.402096157r\theta^2 + 15.15014283\theta^3 - 0.000503693r^4 - 0.001987721r^3\theta \\
&+0.017429449r^2\theta^2 + 0.163991464r\theta^3 - 5.2515720096\theta^4
\end{aligned} \tag{11-35}
$$

　　图 11-23 为预折叠蜂窝结构吸能特性响应面，该图以可视化的形式揭示了错动位移 r 和错动角 θ 对预折叠蜂窝结构吸能特性的影响。对进行新型蜂窝结构缓冲装置设计具有重要意义。

　　使用响应面方法建立的吸能特性数学模型，基函数和样本点的选取都会给近似结果带来一定的误差。因此，还需对多项式函数进行统计检验，评估其对真实响应的逼近程度。为了测定数学模型的近似解与有限元仿真值的误差，定义相对误差表达式为

$$
\text{RE} = \frac{y(x_i^r) - y(x_i)}{y(x_i)} \tag{11-36}
$$

式中，$y(x_i)$ 为有限元仿真值；$y(x_i^r)$ 为数学模型近似解。

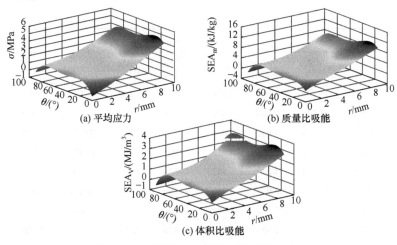

图 11-23　预折叠蜂窝结构吸能特性响应面

　　为了更好地分析所获得数学模型的相对误差，表 11-2 给出了有限元仿真值、数学模型近似解和相对误差值。由表 11-2 可知，使用响应面方法建立的预折叠蜂窝结构吸能特性的数学模型相对误差低，计算精度较高。

表 11-2　预折叠蜂窝结构吸能特性响应面近似解与仿真值对比

样本点	有限元仿真值			数学模型近似解			RE/%		
	σ/MPa	SEA_m /(kJ/kg)	SEA_V /(MJ/m³)	σ/MPa	SEA_m /(kJ/kg)	SEA_V /(MJ/m³)	σ	SEA_m	SEA_V
1	1.593	4.847	1.187	1.585	4.980	1.223	−0.502	2.744	3.033
2	1.488	4.644	1.135	1.591	4.701	1.150	6.922	1.227	1.322
3	1.585	4.877	1.192	1.452	4.508	1.090	−8.391	−7.566	−8.557
4	1.555	4.692	1.147	1.582	4.940	1.216	1.736	5.286	6.016
5	1.546	4.611	1.127	1.557	4.541	1.109	0.712	−1.518	−1.597
6	2.716	8.120	2.019	2.650	7.860	1.949	−2.430	−3.202	−3.467
7	2.496	7.193	1.785	2.494	7.052	1.756	−0.080	−1.960	−1.625
8	2.234	6.066	1.507	2.259	6.283	1.557	1.119	3.577	3.318
9	2.252	6.083	1.517	2.318	6.252	1.568	2.931	2.778	3.362
10	2.232	5.654	1.416	2.208	5.668	1.414	−1.075	0.248	−0.141
11	3.881	10.626	2.745	3.921	10.616	2.736	1.031	−0.094	−0.328
12	3.556	8.824	2.281	3.621	9.510	2.466	1.828	7.774	8.110
13	3.407	8.779	2.284	3.322	8.467	2.199	−2.495	−3.554	−3.722
14	3.317	8.458	2.222	3.360	8.348	2.197	1.296	−1.301	−1.125
15	3.291	8.277	2.195	3.228	8.023	2.128	−1.914	−3.069	−3.052
16	5.233	13.405	3.652	5.261	13.358	3.642	0.535	−0.351	−0.274

续表

样本点	有限元仿真值			数学模型近似解			RE/%		
	σ/MPa	SEA$_m$ /(kJ/kg)	SEA$_V$ /(MJ/m³)	σ/MPa	SEA$_m$ /(kJ/kg)	SEA$_V$ /(MJ/m³)	σ	SEA$_m$	SEA$_V$
17	4.898	11.904	3.260	4.844	11.981	3.290	−1.102	0.647	0.920
18	4.622	11.203	3.107	4.526	10.765	2.980	−2.077	−3.910	−4.088
19	4.510	10.754	3.030	4.601	10.730	3.018	2.018	−0.223	−0.396
20	4.490	10.477	2.998	4.522	10.908	3.117	0.718	4.114	3.969
21	6.396	14.533	4.209	6.402	14.716	4.262	0.094	1.259	1.259
22	6.020	13.576	3.973	5.908	12.896	3.773	−1.860	−5.009	−5.034
23	5.336	10.503	3.132	5.625	11.404	3.396	5.416	8.579	8.429
24	6.033	11.707	3.565	5.806	11.423	3.480	−3.763	−2.426	−2.384
25	5.824	12.267	3.814	5.867	12.145	3.782	0.738	−0.995	−0.839

　　方差分析等统计分析技术常用于验证响应面模型的拟合精度，并分析设计变量对响应结果的影响情况。常用的判定参数有均方根误差、复相关系数和修正的复相关系数，其中均方根误差定义为

$$RSME = \sqrt{\frac{SSE}{m-n-1}} \tag{11-37}$$

式中，n 为响应面函数非常数项系数的个数；SSE 为剩余平方和。

　　复相关系数为

$$R^2 = 1 - \frac{SSE}{SST} \tag{11-38}$$

式中，SST 为总平方和；R^2 的值为 0~1，该值越接近 1，说明响应方程的逼近程度越精确。但 R^2 的值接近于 1 并不一定意味着近似程度好，因为响应方程中变量数目增多，往往会增大 R^2 的值，但不一定会增加响应方程的预估精度。因此引入修正的复相关系数对建立的数学模型拟合精度进行评估。修正的复相关系数为

$$R_{adj}^2 = 1 - \frac{m-1}{m-n}(1-R^2) \tag{11-39}$$

其中，剩余平方和(SSE)和总平方和(SST)为

$$SSE = \sum_{i=1}^{m}\left[y(x_i) - y(x_i^r)\right]^2 \tag{11-40}$$

$$SST = \sum_{i=1}^{m}\left[y(x_i) - \bar{y}_i\right]^2 \tag{11-41}$$

式中，$\bar{y}_i$ 为第 i 个样本点有限元分析结果的平均值。

由式(11-36)~式(11-39)可以求得建立的预折叠蜂窝结构的平均应力、质量比吸能和体积比吸能的数学模型的相对误差、均方根误差、复相关系数和修正复相关系数。表11-3为预折叠蜂窝结构吸能特性数学模型相应评价指标值。该表中复相关系数和修正复相关系数都非常接近于1，最大的相对误差值不到8.8%，因此可以证明建立的数学模型具有足够的计算精度。

表 11-3　预折叠蜂窝结构吸能特性数学模型相应评价指标值

吸能指标	RE/%	RSME	R^2	R^2_{adj}
σ	$-8.391\sim6.922$	0.152	0.996	0.992
SEA$_m$	$-7.566\sim8.579$	0.531	0.988	0.974
SEA$_V$	$-8.557\sim8.429$	0.151	0.991	0.980

综上所述，使用响应面方法建立数学模型的流程如下：首先选择合适的响应面近似函数模型，即多项式模型，确定实验设计样本点的样本空间，选择相应的实验设计方法进行实验设计，并进行仿真分析，然后基于仿真结果构造响应面数学模型，采用多种评价指标对响应面数学模型的预估性能进行评估。

为了更好地分析预折叠蜂窝结构的吸能特性，采用典型碰撞吸能问题对预折叠蜂窝结构缓冲装置进行设计。假设缓冲装置安装空间为 1200mm×860mm×225mm，设计要求缓冲装置最大冲击力小于 6MN。

首先，以质量比吸能为吸能特性评价指标，采用建立的预折叠蜂窝结构平均应力和质量比吸能的数学模型进行分析，以寻找满足质量比吸能最大这一设计条件的预折叠蜂窝结构。由于预折叠蜂窝结构受冲击荷载作用时，其荷载-位移曲线有一定的波动，因此在设计时设置安全系统以保证缓冲力不会超过许用值，根据普通六边形蜂窝结构设计经验，选用安全系数为 1.5 开展设计。通过给定的设计条件，可求得预折叠蜂窝结构缓冲装置的许用安全应力 $[\sigma_s]$ 为 5.81MPa。选定预折叠蜂窝结构错动角变化范围 $[\pi/12,5\pi/12]$，错动位移变化范围 $[0.1\sqrt{2}L, 0.9\sqrt{2}L]$，选择 L 为 8.8mm，则优化问题可表示为

$$\begin{aligned}
&\max\ \text{SEA}\\
&\min\ \sigma\\
&\text{s.t.}\ \ 1.5\sigma \leqslant [\sigma_s]\\
&\qquad \pi/12 \leqslant \theta \leqslant 5\pi/12\\
&\qquad 0.1\sqrt{2}L \leqslant r \leqslant 0.9\sqrt{2}L
\end{aligned} \tag{11-42}$$

采用多学科优化设计软件 Isight 提供的遗传算法优化方法 NSGA-II 对该问题进行求解。设置 NSGA-II 优化算法中种群数量为 48，迭代次数为 50，采用算术交叉，交叉概率为 0.9，交叉分布指数为 10，突变因子系数为 20。以质量比吸能

最大和平均应力最小为设计目标，表 11-4 为优化结果与仿真结果的对比。由表 11-4 可知，通过建立的数学模型求得的预折叠蜂窝结构的优化结果与有限元验证结果相比误差较低，最大相对误差为–7.79%，证明了结果的准确性。

表 11-4　以质量比吸能最大和平均应力最小为设计目标的优化结果有限元验证

结果	r/mm	θ/rad	σ/MPa	SEA_m/(kJ/kg)
优化结果	6.123	0.262	3.867	10.502
仿真结果	6.123	0.262	3.576	10.517

同样以体积比吸能为吸能特性评价指标，寻找满足设计条件的体积比吸能最大且平均应力最小的预折叠蜂窝结构。表 11-5 为优化结果与仿真结果的对比。由表 11-5 可知，通过建立的数学模型求得的预折叠蜂窝结构的优化结果与有限元验证结果相比误差较低，最大相对误差为–7.42%，证明了结果的准确性，同时也证明了使用响应面方法建立吸能特性数学模型，并用于预折叠蜂窝结构缓冲装置设计是一种行之有效的手段。

表 11-5　以体积比吸能最大和平均应力最小为设计目标的优化结果有限元验证

结果	r/mm	θ/rad	σ/MPa	SEA_V/(MJ/m³)
优化结果	6.113	0.262	3.862	2.700
仿真结果	6.113	0.262	3.591	2.551

图 11-25 为本章所进行的预折叠蜂窝结构以比吸能最大和平均应力最小为目标的多目标优化 Pareto 曲线。通过该图可以确定在平均应力确定的情况下，预折叠蜂窝结构的最大比吸能值。

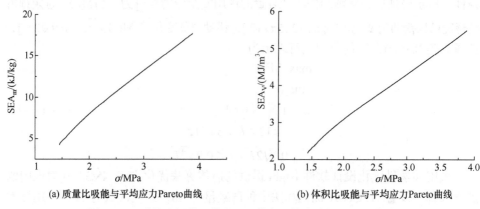

(a) 质量比吸能与平均应力Pareto曲线　　　　(b) 体积比吸能与平均应力Pareto曲线

图 11-25　质量比吸能、体积比吸能与平均应力的 Pareto 曲线

11.6　本章小结

本章以 Miura 折纸技术为基础，提出一种提高蜂窝结构共面方向结构强度的折叠方法，并针对该方法建立的预折叠蜂窝结构缓冲性能进行理论与仿真建模研究。通过本章分析可以得到如下结论：

(1) 提出一种提高蜂窝结构缓冲性能的折叠方法，该方法可显著提高蜂窝共面方向结构强度，并可通过预折叠处理设计出近似各向同性的缓冲结构，该缓冲结构可抗多向冲击，在冲击方向不确定的工作环境下具有重要的应用价值。

(2) 提出预折叠蜂窝结构的变形模式，建立预折叠蜂窝结构缓冲性能理论模型。

(3) 建立预折叠蜂窝结构受冲击荷载作用的动力学仿真模型，基于响应面方法建立预折叠蜂窝结构缓冲性能近似数学模型，并进行了基于比吸能最优的折叠参数多目标优化设计。

参 考 文 献

[1] Gibson L J, Ashby M F. Cellular Solids: Structure and Properties[M]. Cambridge: Cambridge University Press，1997.

[2] McFarland R K. Hexagonal cell structures under post-buckling axial load[J]. AIAA Journal, 1963, 1(6): 1380-1385.

[3] Wierzbicki T. Crushing analysis of metal honeycombs[J]. International Journal of Impact Engineering, 1983, 1(2): 157-174.

第12章　预折叠蜂窝结构冲击仿真建模与分析

本章以边长 L=8.8mm，高度 H=8.8mm，厚度 t=0.5mm，错动角 $\theta = \pi / 4$，错动位移 $r = 6.2216$mm 的预折叠蜂窝结构为研究对象，对其 Y 方向受冲击荷载作用进行动力学仿真分析。仿真建模采用有限元前处理软件 MSC-Patran，分析采用瞬态动力学分析软件 LS-DYNA，后处理采用 LS-PREPOST 软件。

12.1　仿　真　建　模

1. 建立预折叠蜂窝结构基本单元模型

(1) 新建 Patran 空数据文件。单击菜单栏 File/New，输入数据文件名 Pre-folded.db。

(2) 单击菜单栏 Preferences/Geometry Preferences，在 Geometry Scale Factor 属性中设置 1000.0(Millimeters)，单击 Apply 按钮，设置长度单位制为毫米。单击菜单栏 Preferences/Analysis Preferences，在 Analysis Code 属性中设置 LS-DYNA3D，单击 Apply 按钮，选择 LS-DYNA 作为分析求解器。

(3) 单击工具栏上的 Geometry 按钮，打开 Geometry 窗口，如图 12-1 中 a 所示，依次设置 Action、Object 和 Method 的属性为 Create、Point 和 XYZ。

(4) 如图 12-1 中 b 所示，在 Point Coordinates List 文本框中输入[0 0 0]，单击 Apply，生成 Point 1。

(5) 重复步骤(4)，依次在 Point Coordinates List 文本框中输入[4.4 7.6208 0]、[13.2 7.6208 0]、[17.6 0 0]、[13.2 – 7.6208 0]、[4.4 – 7.6208 0]、[26.4 0 0]，生成 Point 2～Point 7。

(6) 如图 12-2 中 a 所示，将 Object 的属性设置为 Curve，如图 12-2 中 b 所示，在 Starting Point List 中输入 Point 1，在 Ending Point List 中输入 Point 2，单击 Apply，连接 Point 1 与 Point 2，生成 Line 1。

(7) 重复步骤(6)，连接 Point 2 和 Point 3，连接 Point 3 和 Point 4，连接 Point 4 和 Point 5，连接 Point 5 和 Point 6，连接 Point 6 和 Point 1，连接 Point 4 和 Point 7，生成 Line 2～Line 7。

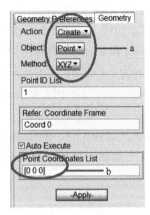

图 12-1　创建点

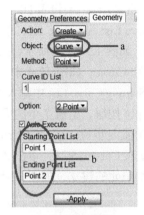

图 12-2　创建线

(8) 如图 12-3 中 a 所示，依次设置 Action、Object 和 Method 的属性为 Transform、Curve 和 Translate；如图 12-3 中 b 所示，设置 Direction Vector 为 ⟨4.4 4.4 8.8⟩，Vector Magnitude 为 10.7778；如图 12-3 中 c 所示，设置 Curve List 为 Curve 1:7，单击 Apply 按钮，移动生成的 7 条曲线至指定位置。

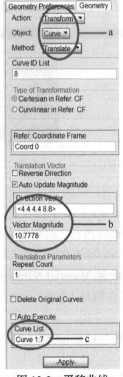

图 12-3　平移曲线

(9) 重复步骤(8),设置 Direction Vector 为⟨0 0 17.6⟩,Vector Magnitude 为 17.6,设置 Curve List 为 Curve 1:7,单击 Apply 按钮,移动曲线 1～曲线 7 至指定位置。

(10) 如图 12-4 中 a 所示,依次设置 Action、Object 和 Method 的属性为 Create、Surface 和 Curve;如图 12-4 中 b 所示,设置 Option 为 2 Curve;如图 12-4 中 c 所示,在 Starting Curve List 中输入 Curve 1:7,在 Ending Curve List 中输入 Curve 8:14。单击 Apply 按钮,生成 7 个曲面。

(11) 重复步骤(10),在 Starting Curve List 中输入 Curve 8:14,在 Ending Curve List 中输入 Curve 15:21,单击 Apply 按钮,生成 7 个曲面。完成预折叠蜂窝结构建模基本单元的建立,如图 12-5 所示。

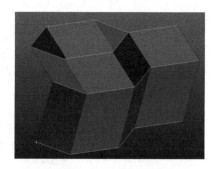

图 12-4　生成平面　　　　　　图 12-5　基本单元模型图

2. 定义材料本构关系

(1) 单击工具栏上的 Properties 按钮,再单击 Isotropic 按钮,如图 12-6 中 a 所示,依次设置 Action、Object 和 Method 的属性为 Create、Isotropic 和 Manual Input。

(2) 如图 12-6 中 b 所示,设置 Material Name 为 Al。

(3) 如图 12-6 中 c 所示,点击按钮 Input Properties,弹出如图 12-7 所示的 Input Options 对话框。

(4) 如图 12-7 中 a 所示,选择 Constitutive Model 为 Elastoplastic,选择 Implementation 为 Plastic Kinematic(MAT3)。

(5) 如图 12-7 中 b 所示,设置密度为 2740e–12(t/mm³)、弹性模量为 69e3(MPa)、

泊松比为 0.33、屈服应力为 270(MPa)。

　　(6) 单击 OK 按钮，再单击 Apply 按钮，完成材料定义。

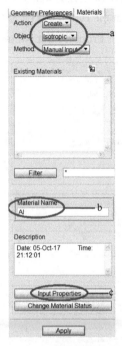

图 12-6　定义材料特性

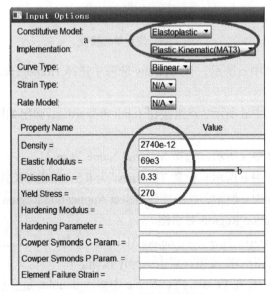

图 12-7　定义材料参数

3. 定义基本模块属性

(1) 单击工具栏上的 Properties 按钮,如图 12-8 中 a 所示,在 Element Properties 菜单中依次设置 Action、Object 和 Type 的属性为 Create、2D 和 Shell。

(2) 如图 12-8 中 b 所示,在 Property Set Name 中输入 single。

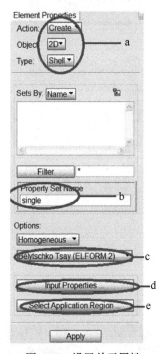

图 12-8　设置单元属性

(3) 如图 12-8 中 c 所示,在 Options 选项中选择 Homogeneous 和 Belytschko Tsay(ELFORM 2)。

(4) 如图 12-8 中 d 所示,点击按钮 Input Properties,弹出如图 12-9 所示 Input Properties 对话框。

(5) 如图 12-9 中 a 所示,选择 Material Name 为 m:Al。

(6) 如图 12-9 中 b 所示,设置 Thickness 为 0.5,单击 OK 按钮。

(7) 如图 12-8 中 e 所示,点击按钮 Select Application Region,弹出如图 12-10 所示 Select Application Region 对话框。

(8) 如图 12-10 中 a 所示,在 Select Members 中输入 Surface 1 3 4:10:2 11 13,点击 Add 按钮,点击 OK 按钮,点击 Apply 按钮。

(9) 重复步骤(2),在 Property Set Name 中输入 double。重复步骤(3)~步骤(5)。重复步骤(6)设置 Thickness 为 1。

(10) 再次点击按钮 Select Application Region，弹出 Select Application Region 对话框，在 Select Members 中输入 Surface 2 5:9:2 12 14，点击 Add 按钮，点击 OK 按钮，点击 Apply 按钮。完成基本模块属性定义。

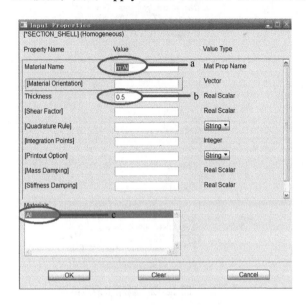

图 12-9　设置结构材料及厚度　　　　　　　图 12-10　选择对应平面

4. 建立预折叠蜂窝结构模型

(1) 单击菜单栏 Group/Transform，弹出如图 12-11 中 a 所示 Group 对话框，依次设置 Action 和 Method 的属性为 Transform 和 Translate。

(2) 如图 12-11 中 b 所示，选中 Copy，设置复制次数为 4。

(3) 如图 12-11 中 c 所示，设置 Direction Vector 为〈26.4 0 0〉。

(4) 如图 12-11 中 d 所示，设置 Vector Magnitude 为 26.4。

(5) 点击 Apply 按钮。弹出 "Point 7 already exists. Do you wish to create a duplicate one?" 对话框，点击 NO FOR ALL 按钮。后续全部此类问题都选择 NO FOR ALL。

(6) 单击工具栏上的 Geometry 按钮，打开 Geometry 窗口，如图 12-12 中 a 所示，依次设置 Action 和 Object 为 Delete 和 Any。

(7) 如图 12-12 中 b 所示，在 Geometric Entity List 中输入 Point 81:93:6 Curve 91:105:7 Surface 63 70，点击 Apply，删除多余点线面。

(8) 单击菜单栏 Group/Transform，弹出如图 12-13 所示 Group 对话框，依次

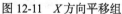

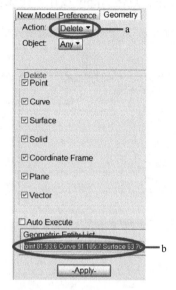

图 12-11　*X*方向平移组　　　　　　图 12-12　删除多余点线面

设置 Action 和 Method 的属性为 Transform 和 Translate。

（9）如图 12-13 中 a 所示，选中 Copy，设置复制次数为 6。

（10）如图 12-13 中 b 所示，设置 Direction Vector 为⟨0 15.2416 0⟩。

（11）如图 12-13 中 c 所示，设置 Vector Magnitude 为 15.2416。

（12）点击 Apply 按钮。弹出 "Point 3 already exists. Do you wish to create a duplicate one?" 对话框，点击 NO FOR ALL 按钮。后续全部此类问题都选择 NO FOR ALL。

（13）再次进行 *Z* 向阵列，如图 12-14 中 a 所示，选中 Copy，设置复制次数为 4。

（14）如图 12-14 中 b 所示，设置 Direction Vector 为⟨0 0 17.6⟩。

（15）如图 12-14 中 c 所示，设置 Vector Magnitude 为 17.6。点击 Apply 按钮。

（16）弹出 "Point 15 already exists. Do you wish to create a duplicate one?" 对话框，点击 NO FOR ALL 按钮。后续全部此类问题都选择 NO FOR ALL。生成如图 12-15 所示预折叠蜂窝结构模型，完成模型建立。

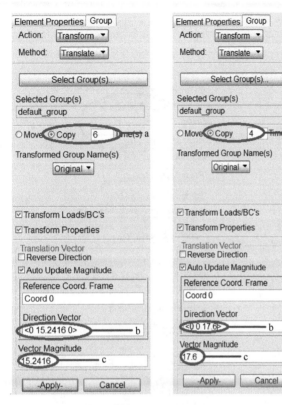

图 12-13　Y 方向平移组　　　　图 12-14　Z 方向平移组

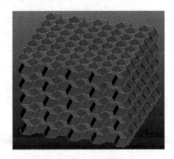

图 12-15　完整模型图

12.2　网格划分与边界条件加载

1. 网格划分

(1) 单击工具栏上的 Meshing 按钮，打开 Finite Elements 窗口，如图 12-16 中 a 所示，依次设置 Action、Object 和 Type 的属性为 Create、Mesh 和 Surface。

(2) 如图 12-16 中 b 所示，在 Surface List 中选中模型全部平面，本例为 Surface 1:62 64:2081。

(3) 如图 12-16 中 c 所示，设置网格边长为 0.88。点击 Apply 按钮。

(4) 如图 12-17 中 a 所示，依次设置 Action、Object 和 Method 的属性为 Equivalence、All 和 Tolerance Cube，进行消除重复节点作业。

(5) 点击 Apply 按钮，完成网格划分。

2. 定义接触

(1) 单击工具栏上的 Loads/BC 按钮，打开 Load/Boundary Conditions 窗口，如

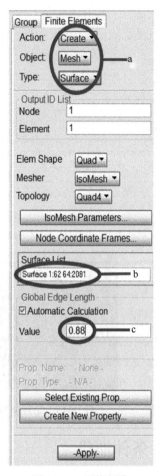

图 12-16　网格划分　　　　　　　　图 12-17　消除重复节点

图 12-18 中 a 所示，依次设置 Action、Object 和 Type 的属性为 Create、Contact 和 Element Uniform。

(2) 如图 12-18 中 b 所示，设置 Option 为 Self Contact。

(3) 如图 12-18 中 c 所示，设置 New Set Name 为 contact。

(4) 如图 12-18 中 d 所示，点击 Input Data 按钮，弹出如图 12-19 所示 Input Data 对话框。

(5) 如图 12-19 中 a 所示，设置 Contact Type 为 Single Surface (13)，设置 Contact Method 为 Automatic。

(6) 如图 12-19 中 b 所示，设置 Static Friction Coefficient 为 0.17，设置 Dynamic Friction Coefficient 为 0.1，点击 OK 按钮。

(7) 如图 12-18 中 e 所示，点击 Select Application Region，弹出如图 12-20 所

示 Select Application Region 对话框。

(8) 如图 12-20 中 a 所示，选择 Geometry Filter 为 Geometry。

(9) 如图 12-20 中 b 所示，选择模型全部平面，单击 Add 按钮，单击 OK 按钮，单击 Apply 按钮，完成接触设置。

图 12-18　定义接触

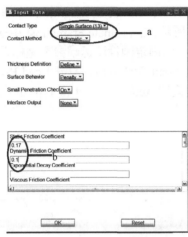

图 12-19　设置接触参数

图 12-20　选择接触面

3. 定义模拟碰撞刚性墙

(1) 单击工具栏上的 Geometry 按钮，打开 Geometry 窗口，如图 12-21 中 a 所示，依次设置 Action、Object 和 Method 的属性为 Transform、Coord 和 Rotate。

(2) 如图 12-21 中 b 所示，在 Axis 中输入 Coord 0.1。

(3) 如图 12-21 中 c 所示，在 Rotation Angle 中输入−90.0。

(4) 如图 12-21 中 d 所示，在 Coordinate Frame List 中输入 Coord 0。点击 Apply 按钮生成坐标系 Coord 1。

(5) 沿坐标系 Coord 0 的负 Y 方向平移坐标系 Coord 1，平移距离为模型 Y 方向高度，本例为 103.5。

(6) 打开 Geometry 窗口，如图 12-22 中 a 所示，依次设置 Action、Object 和 Method 的属性为 Transform、Coord 和 Translate。

(7) 如图 12-22 中 b 所示，在 Refer Coordinate Frame 中输入 Coord 0。

(8) 如图 12-22 中 c 所示，在 Direction Vector 中输入⟨0 103.5 0⟩。

(9) 如图 12-22 中 d 所示，在 Vector Magnitude 中输入 103.5。

(10) 如图 12-22 中 e 所示，Coordinate Frame List 中输入 Coord 1。点击 Apply

按钮生成坐标系 Coord 2 作为移动刚性墙运动参考坐标系。再次重复步骤(1)～步骤(4)操作，设置 Coord ID List 为 4，设置 Refer Coordinate Frame 为 Coord 2，设置 Axis 为 Coord 2.1，设置 Rotation Angle 为 180，设置 Coordinate Frame List 为 Coord 2，单击 Apply 按钮，生成坐标系 Coord 4。

(11) 如图 12-23 中 a 所示，依次设置 Action、Object 和 Method 的属性为 Transform、Coord 和 Translate。

(12) 如图 12-23 中 b 所示，在 Refer Coordinate Frame 中输入 Coord 0。

(13) 如图 12-23 中 c 所示，在 Direction Vector 中输入⟨0 − 7.6208 0⟩。

(14) 如图 12-23 中 d 所示，在 Vector Magnitude 中输入 7.6208。

(15) 如图 12-23 中 e 所示，Coordinate Frame List 中输入 Coord 1。点击 Apply 按钮生成坐标系 Coord 3 作为固定刚性墙运动参考坐标系。

(16) 单击工具栏上的 Loads/BC 按钮，打开 Load/Boundary Conditions 窗口，如图 12-24 中 a 所示，依次设置 Action、Object 和 Type 的属性为 Create、Planar Rigid Wall 和 Nodal。

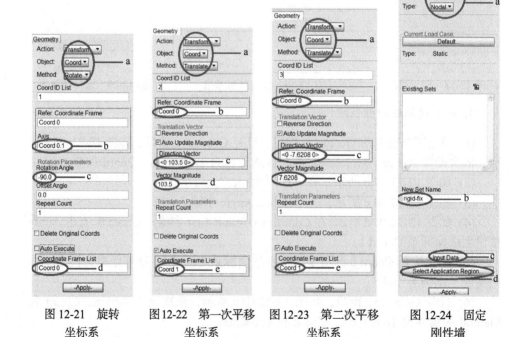

图 12-21　旋转坐标系　　图12-22　第一次平移坐标系　　图 12-23　第二次平移坐标系　　图 12-24　固定刚性墙

(17) 如图 12-24 中 b 所示，设置 New Set Name 为 rigid-fix。

(18) 如图12-24中c所示，点击Input Data按钮，弹出如图12-25所示Input Data对话框。

(19) 如图 12-25 中 a 所示，设置 Rigdwall Position _Orien.为 Coord 3。点击 OK 按钮。

(20) 如图 12-24 中 d 所示，点击按钮 Select Application Region，弹出如图 12-26 所示 Select Application Region 对话框。

(21) 如图 12-26 中 a 所示，选择 Geometry Filter 为 Geometry。

(22) 如图 12-26 中 b 所示，选择模型全部平面，单击 Add 按钮，单击 OK 按钮，单击 Apply 按钮，设定固定刚性墙。

(23) 如图 12-27 中 a 所示，重复步骤(16)、步骤(17)，设置 New Set Name 为 rigid-move。

(24) 如图 12-27 中 b 所示，点击 Input Data 按钮，弹出如图 12-28 所示 Input Data 对话框。

(25) 如图 12-28 中 a 所示，设置 Motion 为 Moving。

(26) 如图 12-28 中 b 所示，设置 Mass 为 20e−3(t)。

(27) 如图 12-28 中 c 所示，设置 Initial Velocity 为 20e3(mm/s)。

(28) 如图 12-28 中 d 所示，设置 Rigdwall Position _Orien.为 Coord 4。点击 OK 按钮。

图 12-25　选择坐标系

图 12-26　选择接触面

图 12-27　设置移动刚性墙

(29) 如图 12-27 中 c 所示，点击按钮 Select Application Region，弹出如图 12-29 所示 Select Application Region 对话框。

图 12-28　设置平移墙参数　　　　图 12-29　选择接触平面

(30) 如图 12-29 中 a 所示，选择 Geometry Filter 为 Geometry。

(31) 如图 12-29 中 b 所示，选择模型全部平面，单击 Add 按钮，单击 OK 按钮，单击 Apply 按钮，设定移动刚性墙。

12.3　设置仿真分析参数

按下述步骤定义分析参数。

(1) 单击工具栏上的 Analysis 按钮，打开 Analysis 窗口，如图 12-30 中 a 所示，依次设置 Action、Object 和 Method 的属性为 Analyze、Entire Model 和 Analysis Desk。

(2) 如图 12-30 中 b 所示，设置 Job Name 为 pre-folded。

(3) 如图 12-30 中 c 所示，点击 Solution Parameters 按钮，再点击 Solution Control 按钮，弹出如图 12-31 所示的 Solution Parameters 对话框。

(4) 如图 12-31 中 a 所示，设置截止时间为 5e–3(s)。点击 OK 按钮，点击 Cancel 按钮。

(5) 如图 12-30 中 d 所示，点击 Output Requests 按钮，弹出如图 12-32 所示的 Output Requests 对话框。

(6) 如图 12-32 中 a 所示，点击 Input Data 按钮，弹出如图 12-33 所示的 Define Binary State Output 对话框。

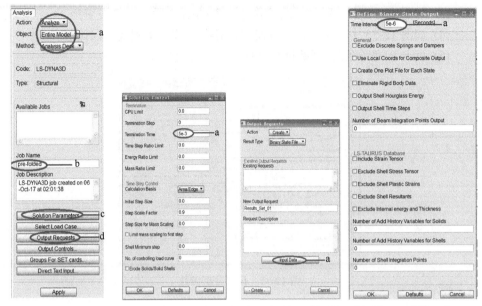

图 12-30　定义分析　　图 12-31　设置分析　　图 12-32　定义数据　　图 12-33　数据记录
　　　　　　　　　　　　　　　参数　　　　　　　　　信息　　　　　　　　　间隔

(7) 如图 12-33 中 a 所示，设置记录数据间隔时间为 5e–6s。点击 OK 按钮，
点击 Create 按钮，点击 Cancel 按钮。点击 Apply 按钮，生成分析用.key 文件。

12.4　分析求解及后处理

1. 采用 LS-DYNA 进行仿真分析

(1) 打开 LS-DYNA Program Manager 软件(图 12-34)。单击菜单栏 Solver，选
择 Start LS-DYNA Analysis，弹出如图 12-35 所示 Start Input and Output 对话框。

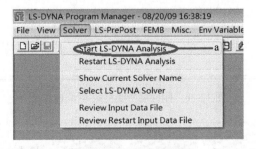

图 12-34　打开分析界面

(2) 如图 12-35 中 a 所示，选择生成的 pre-foldedt.key 文件作输入文件。

(3) 如图 12-35 中 b 所示，设置并行计算 CPU 个数，本例设置为 24。

(4) 如图 12-35 中 c 所示，设置使用计算内存数，本例选择默认值。

(5) 点击 RUN 按钮，开始进行计算。

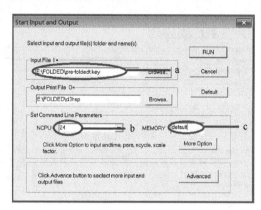

图 12-35　设置分析参数

2. 采用 LS-PREPOST 进行后处理分析

(1) 打开 LS-PREPOST 软件。单击菜单栏 File/Open/LS-DYNA Binary File，选择计算生成的 d3plot 文件。

(2) 点击 History 按钮，选择 Rigid Wall Force, wall#1，点击 Plot 按钮，生成如图 12-36 所示刚性墙所受荷载-时间曲线图。图 12-37 为预折叠蜂窝结构变形过程图。

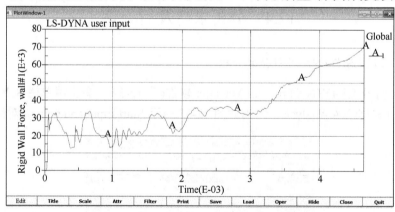

图 12-36　刚性墙所受荷载-时间曲线图

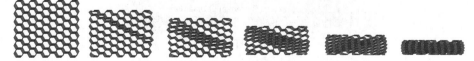

图 12-37　预折叠蜂窝结构变形过程图

12.5　本 章 小 结

本章介绍了使用 Patran 软件建立预折叠蜂窝结构受冲击荷载作用的仿真模型，采用 LS-DYNA 软件对某一仿真实例进行了冲击动力学仿真分析，同时介绍了使用 LS-PREPOST 进行后处理分析的方法。